I0066271

DAS FELDGESCHÜTZ MIT LANGEM ROHRRÜCKLAUF

GESCHICHTE MEINER ERFINDUNG

VON

Dipl.-Ing. KONRAD HAUSSNER

MÜNCHEN UND BERLIN 1928

DRUCK UND VERLAG VON R. OLDENBOURG

Alle Rechte, einschließlich des Übersetzungsrechtes, vorbehalten.
Copyright 1928 by R. Oldenbourg, München und Berlin.

Vorwort.

Zuerst hatte ich die Absicht, die Geschichte meiner hauptsächlichsten artilleristischen Erfindungen 1. des Feldgeschützes mit langem Rohrrücklauf, 2. des Feldgeschützes mit veränderlichem Rohrrücklauf und 3. des Rohrvorlaufsystems im Druck erscheinen zu lassen. In unserer schnell lebenden Zeit darf aber eine Druckschrift nicht zu umfangreich sein, um einen größeren Leserkreis zu finden. Ich habe mich deshalb entschlossen, vorerst nur den Entwicklungsgang der erstbenannten Erfindung zu veröffentlichen. Um ferner das Buch nicht zu teuer zu machen, habe ich die bereits druckreife Schilderung der nachträglichen Prozeßkämpfe schließlich weggelassen. Zeitlich umfaßt die Geschichte deshalb nur die Jahre 1888—1901; ich behalte mir jedoch vor, eine Darstellung meiner weiteren Erfindungen und der damit verbundenen Kämpfe und Erlebnisse von 1901—1918 noch der Öffentlichkeit zu übergeben.

Lausanne, im Januar 1928.

Dipl.-Ing. **Konrad Haußner.**

Inhalt.

I. Teil.

Entwicklung des Rohrrücklaufgeschützes bis zur kriegsbrauchbaren Waffe.

1. Kapitel.

Ursachen und Umstände, welche mich zur Erfindung des Systems des langen Rohrrücklaufs geführt haben.

Schon während des Krieges war ich aufgefordert worden, meine Erlebnisse im Hinblick auf die Entwicklung des von mir erfundenen Systems des langen Rohrrücklaufes, oder, wie die Franzosen es nennen, »canon à long recul«, zu schreiben. In der Tat hatten alle in den Krieg verwickelten Militärstaaten mein erstgenanntes System in ihrer Feldartillerie in Verwendung, das im Vorwort erwähnte zweite System wurde gleichfalls von Krupp und hauptsächlich vom Ehrhardtkonzern für Steilfeuergeschütze benützt; das dort ebenfalls genannte dritte System endlich hatte die französische Artillerie in ihrem 6,5 cm Gebirgsgeschütz zur Anwendung gebracht.

Auch ausländische Korrespondenten ersuchten mich während des Weltkrieges auf Grund eines Artikels in der französischen Zeitschrift »L'Illustration« um Mitteilung über diese Erfindung. Ich habe es aber mit Rücksicht auf mein deutsches Vaterland unterlassen, während der bestehenden Feindseligkeiten irgendeinen Zeitungsartikel zu veröffentlichen. Auch mein hochverehrter ehemaliger Lehrer, Geheimrat Dr. M. Schröter, Professor an der Technischen Hochschule in München, antwortete mir im Juli 1919 auf meinen an ihn gerichteten Glückwunsch zum 40jährigen Lehrerjubiläum an der genannten Hochschule mit dem wiederholten Rat um Aufzeichnung meiner Erinnerungen: »Wenn irgendeiner aus der großen Schar meiner ehemaligen Schüler, wären Sie in der Lage, hochinteressante Lebenserinnerungen zu schreiben und zu veröffentlichen; was haben Sie alles erlebt! Wenn Sie wenigstens mir eine kurze Darstellung Ihres Schicksales senden wollten, wäre ich außerordentlich dankbar, ich glaube aber, daß Ihre Erfahrungen für unsere jüngere Generation eine Menge wertvoller Winke und Wegweisungen abgeben würden«.

Der letzte Anstoß freilich sollte von ganz anderer Seite kommen: Anfangs des Jahres 1923 machte mich ein Freund auf das Buch Heinrich

Ehrhardt, »Hammerschläge, 70 Jahre deutscher Arbeiter und Erfinder« aufmerksam, das im Verlage von K. F. Köhler in Leipzig erschienen ist, und die Zeitschrift Deutscher Ingenieure brachte damals eine Kritik dieses Buches, worin unter anderem das für die moderne Heeresausrüstung so bedeutsame Rohrrücklaufgeschütz als Ehrhardtsche Erfindung besonders hervorgehoben wird. In diesem Buche hat es der Verfasser nicht unterlassen können, in ebenso unschöner als unrichtiger Weise von meiner Person zu sprechen. Um das Kapitel »Die Erfindung des Rohrrücklaufgeschützes« dieses Ehrhardtschen Buches zu beleuchten, genügt es natürlich nicht, wenn ich die Entwicklung des Feldgeschützes mit langem Rohrrücklauf als eine Erzählung bringe, wie es Ehrhardt tut. Das ergäbe nur Widersprüche ohne Beweise, und dem Leser wäre damit nicht gedient. Ich will und muß die Darstellung der Entwicklung auf Patentschriften, Gerichtsurteile und Briefe stützen, um den Anspruch auf Wahrheitstreue erheben zu können. Im übrigen werde ich mich strenge an den zeitlichen Ablauf halten.

Die in Zürich erscheinende schweizerische Finanzzeitung vom 20. Juli 1921 leitete unter der Überschrift »Ein Riesenkonzern in Deutschland« einen Artikel folgendermaßen ein: »Trotzdem die Rheinische Metallwaren- und Maschinenfabrik in Düsseldorf jahrzehntelang von dem genialen Geheimrat Ehrhardt geleitet wurde, blieben ihre Erträgnisse lange Jahre hinter den Erwartungen zurück. Zurzeit war es die erbitterte Gegnerschaft des ‚größeren Bruders‘ Krupp, die auf dem Werke lastete und ihm zahlreiche Prozesse wegen des berühmten Rohrrücklaufgeschützes brachte. Dieses Geschütz war seinerzeit von einem Kruppschen Zeichner erfunden worden, der, weil das Kruppsche Direktorium damals nichts von diesem Geschütz wissen wollte, zu Ehrhardt übertrat, später sich auch mit diesem Werk überwarf und dann ganz verschollen blieb. Ehrhardt baute das Rohrrücklaufgeschütz aus und konnte nach langem und heißem Bemühen endlich Gnade vor der preußischen Regierung finden, die bekanntlich immer zu Krupp hielt, der inzwischen ebenfalls vom Sporn- zum Rücklaufgeschütz übergegangen war...«

Unter diesem namenlosen Zeichner, der sich mit dem genialen Ehrhardt überworfen haben soll, bin zweifellos ich gemeint, der, wie man sieht, durchaus nicht verschollen blieb, wie der Artikel es glauben machen wollte. »Zeichner« war ich und bin es auch heute noch, denn die Sprache des Technikers ist ja das Zeichnen. Aus der Zeichnung erkennt man den Wertgrad des Konstrukteurs. Allerdings hatte ich für diesen Beruf auch die geeignete Vorbildung, denn ich machte im August 1883 das Absolutorium an der mechanisch-technischen Abteilung der Technischen Hochschule in München, nach vorausgegangenen 8 Semestern Studium an derselben. Im September desselben Jahres trat ich in das technische Bureau der Dinglerschen Maschinenfabrik in Zweibrücken ein, woselbst ich als Konstrukteur bis Ende August 1884 beschäftigt war. Da ich in dieser Anfangsstellung nur 60 Mark Monatsgehalt bezog und hiervon meinen Unterhalt bestreiten mußte — meine Eltern konnten mich nicht weiter unterstützen — so verbrachte ich meine Abendstunden allein auf meinem Zimmer und suchte mich durch Studium in meinem Fache weiter auszubilden. Meine Tätigkeit in der Fabrik erstreckte sich hauptsächlich auf Entwerfen von Details im Dampfmaschinenbau. So machte ich mich an die Aufgabe, die Reibung des Dampfschiebers zu verringern und erfand eine Schieberentlastung, die allerdings nicht die Öffentlichkeit erlebt hat. Ferner interessierte ich mich dazumal für die Luftschiffahrt, die in jener Zeit noch in den Kinderschuhen steckte. Man suchte zwar den Vogelflug nachzuahmen, aber es existierten keine Motoren, die mit geringem Gewichte eine für den Flug genügende Arbeit zu leisten vermochten.

Von dem Gedanken ausgehend, daß man ähnlich dem Ballon auch einen Flugzeugapparat theoretisch ohne Arbeitsaufwand in der Luft schwebend erhalten können müßte, kam ich auf ein Verfahren, einen Körper schwebend in der Luft zu erhalten, und zwar theoretisch ohne Arbeitsaufwand. Es ist diese Erfindung in dem später von mir genommenen Patente D. R. P. Nr. 69520 niedergelegt, welche vom 18. 12. 91 ab vom Patentamte geschützt worden ist. Wegen dieser Anmeldung erhielt ich vor der Erteilung des Patentes eine Vorladung vor das Patentamt, da man diese Idee für die eines perpetuum mobile hielt, so daß sie von der Patentierung auszuschließen gewesen wäre. Bei der mündlichen Verhandlung konnte ich einen Brief des Professors Grashof in Karlsruhe vom 13. April 1889 vorzeigen, worin derselbe zum Ausdruck brachte, daß er gegen meine Erfindung zur Verminderung der Schwebearbeit in der Luft und ihre Begründung kein wesentliches Bedenken hätte. Daraufhin wurde das Patent anstandslos erteilt. Ich möchte bemerken, daß ich mich infolge anderweitiger Tätigkeit nicht mehr mit diesem Problem beschäftigte und erst wieder daran erinnert wurde, als ich die erste Luftfahrzeugausstellung Ala in Berlin im April 1912 besuchte und dort unter den vom Patentamte ausgestellten hauptsächlichsten Patenten für das Flugzeugwesen auch das meinige erblickte.

Am 1. September 1884 erhielt ich bei der Maschinenfabrik L. A. Riedinger in Augsburg eine Stellung, und zwar im Konstruktionsbureau. Ich hatte sowohl Maschinendetails zu entwerfen als auch Pumpen, Turbinen usw. zu konstruieren. Am 23. September 1885 verließ ich diese Firma, da dieselbe zu jener Zeit mit Arbeitsmangel zu kämpfen hatte, und trat am 1. Oktober 1885 als Hilfskonstrukteur in das Artilleriekonstruktionsbureau in Spandau ein. Diese Stelle hatte ich durch Bewerbung auf eine Anzeige in der Zeitschrift deutscher Ingenieure erhalten. Meine Wirksamkeit erstreckte sich dort hauptsächlich auf Herstellung von Leergeräten für Geschosse. Gegen Ende meiner Tätigkeit

1*

dortselbst war ich noch mit der weiteren Ausarbeitung des von einem Offizier erfundenen Schützenwallspiegels für Infanteriegewehre betraut, der dann von der Militärverwaltung zur Einführung gelangte und dem Schützen erlaubte, den Gegner von seiner eigenen unsichtbaren Lage aus zu beschießen. Als ich während meines Dienstes dort einmal von dem Artilleriehauptmann Keppel zu meiner Ausbildung auf den Schießplatz Kummersdorf der Artillerie-Prüfungskommission mitgenommen wurde, sah ich zum ersten Male das Schießen mit einem Rädergeschütz größeren Kalibers. Das Rohr ruhte mit seinen Schildzapfen in den Schildzapfenlagern der Lafette, während der hintere Teil des Rohres auf dem sog. Richtkissen lose ruhte. Die gewaltige Beanspruchung beim Schuß, welche sich durch Springen und beträchtliches Zurücklaufen des Geschützes unter gleichzeitiger Verstellung der Höhenrichtmaschine (infolge des nicht ausbalancierten Höhenrichtrades) kundgab, und das Abheben des hinteren Rohrteils vom Richtkissen machte auf mich einen derartigen Eindruck, daß ich mich von diesem Tage an mit dem Schießvorgange beschäftigte und um eine Lösung mich bemühte, diesen Rückstoß zu meistern.

Da ich bei dem teuren Leben in Spandau und meinem verhältnismäßig geringen Einkommen von monatlich 150 Mark auf die Dauer nicht bestehen konnte, so meldete ich mich um die freigewordene Assistentenstelle für Maschinenbau an der damaligen königlichen Industrieschule in Augsburg und trat die neue Stellung sofort an. Ich hatte an der Schule wöchentlich nur ca. 20 Stunden in Maschinenzeichnen und mechanischer Technologie zu geben und außerdem die mechanische Werkstätte für die Schüler zu beaufsichtigen. Mein damaliger Vorgesetzter, Professor Thoma, der sich mir gegenüber wie ein Freund benahm, blieb mir später immer in guter Erinnerung. Ich hatte viel freie Zeit zum Selbststudium, während der ich mich hauptsächlich mit dem Problem der Aufhebung des Rücklaufes bei Räderlafetten beschäftigte. Das eine war mir klar, daß infolge des stetig wechselnden Geländes eine Einrichtung zwischen Lafette und Erdreich eine befriedigende Lösung nie geben könnte. Da die artilleristische Literatur mir zur damaligen Zeit nicht zur Verfügung stand, so fehlte mir von dieser Seite jedwede Anregung zu einer Lösung. Alle Ideen, die mir durch den Kopf gingen, mußte ich wieder fallen lassen, da ich sie selbst als irrige oder als nicht zum Ziele führende erkannt hatte. Ich habe mit der Zeit gefunden, daß die Selbstkritik einer Idee oder Erfindung den Erfinder am besten davor schützt, einen irrigen Weg lange zu gehen, denn durch Erkennung der Irrtümer gelangt man zur Erkenntnis der Wahrheit und man kann auch aus ihnen lernen. Man muß eben selbst alle möglichen Einwände gegen seine eigene Idee bringen und sehen, ob sie denselben standhält und nicht immer nur an die neuen Vorteile denken, die sie vielleicht bringen könnte.

Eine Lösung, die mich lange beschäftigte, hatte ihren Ursprung in dem Lesen des Artikels einer amerikanischen Zeitschrift, die damals u. a. in den Spandauer Instituten zirkulierte. In jenem Artikel wollte der Verfasser ein Luftschiff dadurch treiben, daß durch Verbrennen einer chemischen Substanz starker Gasdruck erzeugt werden und das Gas in entgegengesetztem Sinne der Luftschiffbewegung austreten sollte.

Der Verfasser behauptete darin, daß bei stillstehendem Luftschiff der Druck $K = F p$ wäre, wenn p den Gasdruck pro Flächeneinheit und F den Ausströmquerschnitt in Flächeneinheiten darstellt. Ich habe unter meinen früheren Notizen noch die Berichtigung vorgefunden, die ich dazumal dem Hefte beilegte und die folgendermaßen lautet:

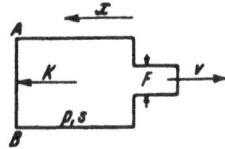

»Berichtigung zu Seite 72—73: Angenommen, es herrsche im Gefäße eine Spannung $= p$ pro Flächeneinheit und die Einrichtung sei derart getroffen, daß dieser Druck des Gases beim Ausströmen desselben durch den Querschnitt F gleichmäßig erhalten bleibt, so ist die Geschwindigkeit des ausströmenden Gases in bezug auf das Gefäß $v = \sqrt{2 g \dfrac{p}{s}}$, wenn g die Erdbeschleunigung $= 9{,}81$ m, s das spezifische Gewicht des Gases bedeutet.

Durch die Bewegung dieser ausströmenden Gasmasse macht sich auf der entgegengesetzten Seite $A B$ des Gefäßes eine rückwirkende Kraft K geltend, die je nach dem Widerstande dem Luftschiffe eine gewisse Geschwindigkeit x gibt. Wenn nun das Gefäß sich mit der Geschwindigkeit x bewegt, so ist zwar die Geschwindigkeit des ausströmenden Gases in bezug auf das Gefäß vorhanden, aber in Wirklichkeit hat es in bezug auf die Erde eine Geschwindigkeit $= v - x$. Vor dem Ausflusse besitzt das Gas nun die Energie von $A_1 = Q s \dfrac{v^2}{2 g}$, wobei Q die pro Zeiteinheit, d. i. pro Sekunde ausströmende Gasmenge darstellt. Nachdem das Gas das Gefäß verlassen hat, hat es noch eine Energie von $A_2 = Q s \dfrac{(v - x)^2}{2 g}$. Demnach muß der Unterschied der beiden Energien an das Gefäß abgetreten worden sein, also abgetretene Energie $A = A_1 - A_2 = \dfrac{Q s}{2 g} (v^2 - (v - x)^2)$ und da A gleich der Kraft mit der das Gefäß bewegt wird, mal seiner Geschwindigkeit x ist, so ist $K x = \dfrac{Q s}{2 g} \cdot (v^2 - v^2 + 2 v \cdot x - x^2)$ oder $K = \dfrac{Q s}{2 g} (2 v - x)$. Nun ist aber die pro Sekunde ausströmende Gasmenge gleich $F v$, folglich $K = \dfrac{F v s}{2 g} (2 v - x)$; diese ~~Gleichung~~ stellt uns die jeweilige Kraft dar, die das Gefäß nach der entgegengesetzten Seite der Ausflußrichtung bewegt, oder mit anderen Worten den Widerstand, der sich der Bewegung des Luftschiffes entgegensetzt. Wir sehen aus der Formel, daß mit dem Wachsen und Fallen der Luftschiffgeschwindigkeit x die treibende Kraft K fällt und wächst, daß also beide Werte im umgekehrten Verhältnis zueinander stehen. Z. B. wird bei $x = 2 v$ das $K = 0$, d. h. wenn das Gefäß keinen Widerstand in seiner Bewegungsrichtung fände, so würde es die doppelte Geschwindigkeit des ausströmenden Gases annehmen. Für $x = 0$, welchen Wert der Verfasser annimmt, ist

$$K = \frac{F v s}{2 g} 2 v = \frac{F s v^2}{g}.$$

Nun ist aber

$$v = \sqrt{\frac{2\,g\,p}{s}}, \quad \text{also} \quad v^2 = \frac{2\,g\,p}{s}$$

und in die Formel für K eingesetzt, gibt

$$K = \frac{F\,s}{g}\,\frac{2\,g\,p}{s} = 2\,F\,p.$$

Setzen wir die angenommenen Werte des Verfassers ein, so erhalten wir, da $F = 1$ square inch, $K = 100$ pounds to each square inch,

$K = 2 \cdot 1 \cdot 100 = 200$ pounds, anstatt, wie Verfasser, 100 pounds. Er hatte sich also zu seinen Ungunsten um 100 % geirrt.

Allerdings erfährt diese Formel noch eine Abänderung. Da einesteils Geschwindigkeitsverluste infolge Reibung vorhanden sind, andernteils eine Zusammenziehung des Gasstrahles beim Durchgang durch die Öffnung sich bildet, also $K = 2\,c\,F\,p$, wobei c abhängig von der Form der Ausflußöffnung, der Art des Gases und der Geschwindigkeit desselben ist.

Spandau, 10. Oktober 1886.   gez. K. Haußner.

Ähnlich wie in diesem Beispiele, sagte ich mir, wirken auch die austretenden Pulvergase aus dem Rohr. Wenn das Geschoß die Rohrmündung verlassen hat, so erzeugen die jetzt mit großer Geschwindigkeit austretenden Gase einen starken Reaktionsdruck und vermehren die Geschwindigkeit des zurücklaufenden Geschützes, welche es bereits während des Durchgangs des Geschosses durch die Rohrseele erhalten hat.

Wenn man nun diese in der Rohrseele befindlichen Gase vor dem Austritt des Geschosses aus dem Rohr nach rückwärts ausströmen ließe, verlöre durch den auftretenden Reaktionsdruck das Geschützrohr wieder von seiner Geschwindigkeit. Über die Größe dieser Gaswirkung war ich mir in dieser Zeit noch nicht im klaren und schätzte sie sehr gering ein. Um aber trotzdem eine kräftige Reaktionswirkung zu erzeugen, wollte ich eine viel größere Pulverladung als gewöhnlich in einem entsprechend großen Ladungsraum nehmen, um den größtmöglichen Enddruck der Gase zu erzielen. Allerdings kannte ich zu dieser Zeit nur das Schwarzpulver, welches nahezu momentan bei der Entzündung verbrennt. Das langsam verbrennende Pulver ist dazumal bei den Feldgeschützen noch nicht angewendet worden.

Den Aufbau dachte ich mir, wie Abb. 1, 2 und 3 zeigen, folgendermaßen: Das Kanonenrohr A erhält Längsschlitze a, welche vom Verschlußboden so weit entfernt sind, daß das Geschoß, dort angekommen, nahezu die verlangte Anfangsgeschwindigkeit erreicht hat. Das Rohr ist von jenen Schlitzen ab mit verdünnter Wandung so viel verlängert, daß, sobald der Geschoßboden die Mündung b verläßt, die Pulvergase durch die Längsschlitze a, welche einen mehrfachen Querschnitt vom Rohrquerschnitt haben, entwichen sind und durch den das Rohr umgebenden Hohlkörper c bei c_1 rückwärts ins Freie ausströmen. Während

das Geschoß die Rohrseele durchläuft, macht das Rohr eines Feldgeschützes ungefähr 20—30 mm Bewegung nach rückwärts und hat dann
seine Maximalgeschwindigkeit erreicht. Die. nun zum weitaus größten
Teil nach rückwärts ausströmenden Pulvergase üben aber einen solchen
Reaktionsdruck auf das Rohr nach vorwärts aus, daß das Rohr nach
weiterem Rücklauf von ca. 30 mm wieder zur Ruhe kommt. Gewiß
strömen auch noch Gase durch die Rohrmündung nach vorne aus, aber
die Spannung der Gase ist bereits so unbedeutend, daß dies keine ge-
wichtige Rolle mehr spielt.

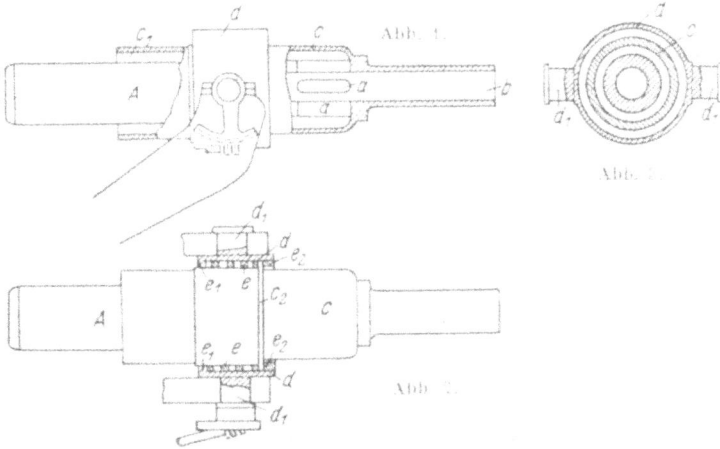

Dem Rohre ermöglicht diesen Gesamtrücklauf der Schildzapfenring d mit den beiden Schildzapfen d_1. Wie aus Abb. 2 ersichtlich, ist
in dem Schildzapfenring eine Schraubenfeder e gelagert. Das hintere
Widerlager der Feder bildet der Bund e_1 des Schildzapfenrings und das
vordere Widerlager der Bund c_2, welcher mit dem Hohlkörper c ein
Stück bildet. Der Bund c_2 wird durch die Feder e gegen den Ring e_2
gedrückt. Dieser ist mittels Gewinde in dem vorderen Teil des Schildzapfenrings festgemacht.

Beim Schuß drückt das zurückweichende Rohr die Feder so lange
zusammen, bis es durch die nach rückwärts ausströmenden Gase zur
Ruhe gebracht ist. Die Feder schiebt alsdann das Rohr wieder nach
vorwärts in die durch Abb. 1 und 2 dargestellte Lage. Da mit Ausnahme des Federdrucks beim Zurückgleiten und Vorgleiten kein Druck
mehr auf die Lafette ausgeübt wird, so könnte die Lafette sogar kürzer
gebaut werden als die frühere alte preußische Lafette C/73 und sie
könnte ebenso wie diese ohne Sporn sein, denn es ist jetzt ja keine Kraft
mehr vorhanden beim Schuß, die die Lafette zurückzuschieben sucht.

Aber so schön diese theoretische Lösung auch war, so hatte sie doch
ihre Nachteile, da die Bedienungsmannschaft der Gefahr der aus-

strömenden Gase ausgesetzt wäre und eine bedeutend größere Pulvermenge benötigt würde. Aus diesem Grunde mußte ich auch befürchten, daß die Artilleristen und Kanonenfabrikanten diese Erfindung abweisen würden. Ich mußte also nach einer anderen, praktischeren Lösung suchen.

Ehe ich der Zeit gemäß weitergehe, will ich ihr vorauseilend das Ergebnis meines weiteren Studiums der ausströmenden Pulvergase hier gleich darstellen.

Auf den Gedanken, die ausströmenden Pulvergase zur Verminderung bzw. Aufhebung des Rückstoßes zu benützen, kam ich zurück, als ich später das hervorragende französische Werk: »Étude des effets de la poudre dans un canon de 10 centimètres par H. Sebert et Hugoniot« gelesen hatte. Zur Ausführung des Versuches benutzte ich das 17 mm kalibrige Rohr meines späteren Rohrrücklaufgeschütz-Modelles.

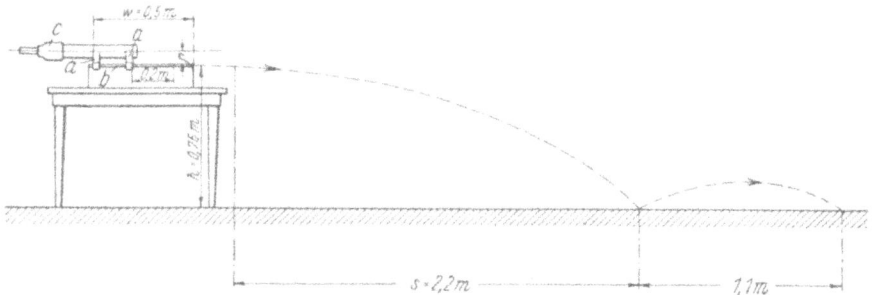

Wie die Zeichnung erkennen läßt, hatte das Rohr 2 Führungsklauen a, a, welche sich auf der Gleitschiene b, die mit dem Tische fest verbunden war, führten. Es wurde zunächst mit dem auf das Rohr aufgeschraubten Gasablenkungsapparat c (s. S. 7) geschossen, und zwar betrug hierbei das Geschoßgewicht 0,067 kg und das Gewicht des Rohres nebst Apparat $G = 5{,}0$ kg. Als Pulver diente gewöhnliches, feinkörniges Schwarzpulver, welches als Jagdpulver gebraucht wurde. Beim Schusse lief das Rohr auf den Schienen 0,2 m zurück. Der Reibungskoeffizient zwischen Rohrklaue und Schiene sei $f = 0{,}4$ angenommen, da sich auch ein kleines Drehmoment $R\,r$ vorfindet, wobei die Reibung $R = G\,f = 5 \cdot 0{,}4 = 2$ kg ist und r die Entfernung der Rohrachse von der Gleitschiene b bedeutet. Es betrug somit die übriggebliebene Rückstoßenergie $2 \cdot 0{,}2 = 0{,}4$ mkg.

Nun wurde der Apparat c abgenommen und mit dem Rohre allein geschossen. Geschoßgewicht und Pulverladung waren die gleichen, während das Gewicht des Rohres allein nur noch 4,3 kg betrug. Beim Abfeuern lief das Rohr über die Schiene rückwärts hinaus und erreichte den Boden, wie gezeichnet, in 2,2 m Entfernung von dem Punkte an gerechnet, wo die vordere Rohrklaue die Schiene verläßt. Außerdem sprang das Rohr nochmals 1,1 m weiter, wie gleichfalls die Zeichnung erkennen läßt. Daraus läßt sich nun der Rückstoß folgendermaßen finden:

Es bedeutet:

h die Fallhöhe in Metern,

g die Erdbeschleunigung $= 9{,}81$ m,

t die Zeit in Sekunden bis zur Zurücklegung des Weges,

s die Sprungweite in Metern,

w den Reibungsweg in Metern,

v_1 die Geschwindigkeit des Rohres nach dem Verlassen der Gleitschiene.

Nach dem Fallgesetze ist

$$h = \frac{1}{2} g t^2 \text{ und } t = \sqrt{\frac{2h}{g}} = \sqrt{\frac{2 \cdot 0,76}{9,81}} \, 0,4.$$

Nun ist weiter die Wurfweite $s = v_1 t$ oder

$$v_1 = \frac{s}{t} = \frac{2,2}{0,4} = 5,5 \text{ Meter},$$

woraus eine lebendige Kraft sich ergibt von

$$\frac{4,3}{9,81} \frac{5,5^2}{2} = 6,63 \text{ Meterkilogramm}.$$

Da der Reibungsweg 0,5 m betrug, so ist bei Annahme desselben Reibungs- koeffizienten $= 0,4$ die Reibungsarbeit $= 0,4 \cdot 4,3 \cdot 0,5 = 0,86$ mkg. Somit ist die erteilte Rückstoßarbeit $6,63 + 0,86 = 7,49$ mkg. Es verhält sich also der Rück- stoß mit Gasableitungsapparat zu dem ohne Apparat wie $0,4 : 7,49 = 1 : 18,7$, d. h.: vom Rückstoß wurden — allerdings ohne Berücksichtigung des Mehrgewichts von 0,7 kg — durch diesen Apparat 95% unterdrückt.

Da sich die Rückstoßgeschwindigkeiten umgekehrt wie die Massen verhalten, so resultiert für den Schuß mit Gasableitungsapparat — bei gleicher zurücklaufender Masse wie bei dem Schuß mit dem Rohr allein — eine Geschwindigkeit

$$v_1 = 5,5 \frac{4,3}{5} = 4,73 \text{ m}.$$

Daraus ergibt sich eine lebendige Kraft von $\frac{5}{9,81} \frac{4,73^2}{2} = 5,70$ mkg. Somit ist die erteilte Rückstoßarbeit $= 5,70 + 0,86 = 6,56$ mkg. Also bei gleichem Ge- wicht verhält sich der Rückstoß mit Gasableitungsapparat zu dem ohne Apparat wie $0,4 : 6,56 = 1 : 16,4$, d. h. der Rückstoß mit Ableitungsapparat beträgt nur 6,2 % von dem Rückstoß ohne Apparat bei gleichem Gewicht. Ohne Zweifel ist man also durch Vergrößerung des Ladungsraumes und der Pulvermenge in der Lage, den Rück- stoß bei gleicher ballistischer Leistung des Geschosses und gleicher zurücklaufender Masse vollständig aufzuheben.

Ehrhardt hatte später — um hier vorzugreifen — die Ausführung einer Lafette nach dem System des langen Rohrrücklaufes übernommen, und da ich ihm vorschlug, diesen Apparat an dem Rohrrücklaufgeschütz anzubringen, so nahm er das bezügliche deutsche Patent Nr. 90860 »Einrichtung an Feuerwaffenrohren zur Verminderung des Rücklaufes« vom 12. Januar 1896. Im Jahre 1897 wurde dann auf meine Veran- lassung eine solche Einrichtung an dem 7,6 cm-Rohr des ersten Rohr- rücklaufgeschützes an der Mündung aufgeschraubt, um das Bucken des Geschützes durch Verminderung des Rückstoßes vollständig zu beseitigen. Beim ersten Schuß zersprang jedoch das ungeladene Ge- schoß, und die Teile wurden seitlich hinausgeschleudert. Ich nahm als Grund an, daß der aufgeschraubte Apparat mit seiner Achse nicht genau mit der des Rohres zusammenfiel und infolgedessen das Geschoß derart gegen die Wandung geschleudert und gepreßt wurde, daß eine Zertrüm- merung erfolgte. Die Bedienungsmannschaft war derart ängstlich ge- worden, daß ich es vorzog, den Versuch zu unterbrechen. Ein neuer

Apparat wurde dann nicht mehr ausgeführt und das Ganze kam in Vergessenheit.

Erst mehrere Jahre später (1903), als Oberingenieur des Kriegs-Arsenals in Buenos-Aires führte ich einen Apparat zur Knallverminderung an dem Militärgewehr aus und da der Knall ganz beträchtlich an Stärke durch die Vorrichtung abnahm, konstruierte ich einen solchen Apparat auch für die Maxim-Mitrailleuse, wie die nebenstehende Abbildung zeigt. Die Wirkung in bezug auf Verminderung des Geräusches beim Schnellfeuer

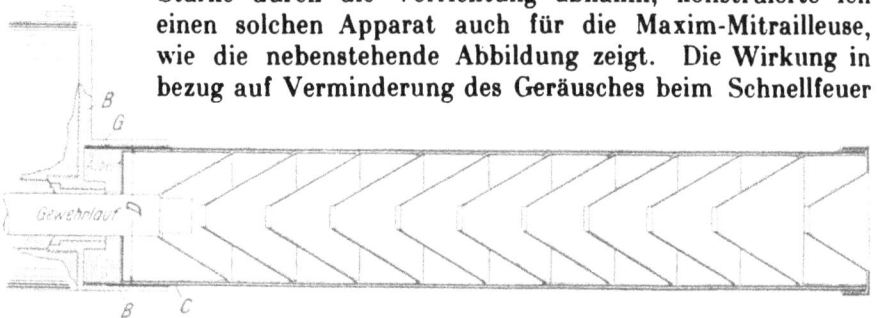

war außerordentlich. Leider war das Pulver hierzu nicht sehr geeignet, da es den Apparat und besonders den Gewehrlauf derart verschleimte, daß das Gewehr nicht mehr funktionierte. Auch die Treffsicherheit litt sehr.

Ich fahre nach dieser Einschaltung in der Darstellung fort. Während meiner Lehrtätigkeit an der Kgl. Industrieschule in Augsburg suchte die Firma Friedr. Krupp in Essen-Ruhr im Frühjahr 1888 durch eine Annonce in der Zeitschrift Deutscher Ingenieure einen Hilfskonstrukteur für Artilleriefahrzeuge und in demselben Heft oder einem der nächstfolgenden das Artillerie-Konstruktionsbureau zu Spandau einen Konstrukteur. Ich meldete mich auf beide Anzeigen. Von der Direktion des letztgenannten Bureaus erhielt ich auf meine Offerte umgehend Angebot und von der Firma Krupp wurde ich aufgefordert, mich persönlich auf ihre Kosten vorzustellen. Da gerade an der Industrieschule zu Augsburg Osterferien waren, reiste ich sofort nach Essen und wurde durch den damaligen Chef der Artilleristischen Abteilung alsbald angestellt, wobei mir das briefliche Angebot von Spandau als gute Empfehlung Dienste leistete. Nachdem ich meine erbetene Entlassung an der Industrieschule in Augsburg erhalten hatte, konnte ich am 1. Mai 1888 bei Krupp die Stelle als Hilfskonstrukteur für Fahrzeugbau antreten. Mein Abteilungschef, der außer dem Fahrzeugbau auch die Konstruktion von Rohrverschlüssen leitete, ließ mir ziemlich freie Hand beim Entwerfen. Ich hatte zuerst erleichterte Munitionswagen, bestehend aus Protze und Hinterwagen, konstruktiv durchzuarbeiten, da vier solche zu Versuchszwecken für das preußische Kriegsministerium geliefert werden sollten.

Um das Gewicht der Radachsen zu erleichtern, welche bisher massiv, wie Abb. 1 eine solche für eine Lafette darstellt, hergestellt wurden, suchte ich sie als Hohlkörper herzustellen. Ich löste dazumal die Aufgabe, wie sie in den Abb. 2 und 3 zu ersehen ist. Die rohe Achse wurde, wie in Abb. 2 ersichtlich, zylindrisch ausgebohrt und außen derart abgedreht, daß beim Zuschmieden oder Zusammenpressen die fertige Achse

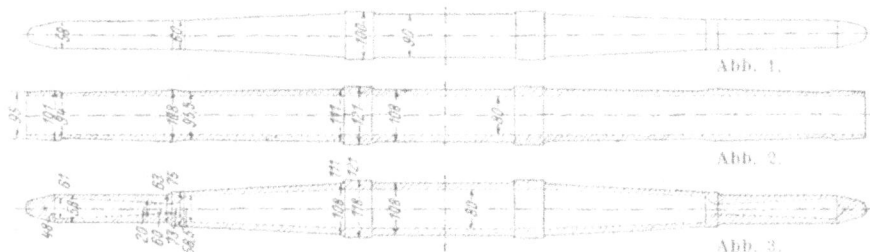

Abb. 1.

Abb. 2.

Abb. 3.

nach Abb. 3 entstand, die bei verhältnismäßig geringem Gewichte dieselbe Festigkeit gegen Stöße wie die massive Achse hatte. Diese Hohlachsen sind dann später bei der deutschen und auch fremdländischen Artillerie allgemein zur Einführung gekommen. Wenn man die theoretische Untersuchung auf gleiche Tragkraft und gleiche Arbeitsaufnahme bei verschiedener Wandstärke macht und in Berücksichtigung zieht, daß die die Achse umfassenden Beschläge nicht zu schwer werden dürfen, so ergibt sich, daß für Wagen mit Federn der äußere Durchmesser der hohlen Achse 1,2 bis 1,3 mal so groß und bei Wagen ohne Federn der äußere Durchmesser gleich 1,1 bis 1,2 mal so groß wie der errechnete Durchmesser der massiven Achse zu nehmen ist. Dabei sind die kleinen Werte dann zu nehmen, wenn man viele die Achse umgreifende Beschläge hat und die großen Werte, wenn die Zahl der Beschläge gering ist. Ich habe später (im Jahre 1903) für die »Kriegstechnische Zeitschrift«, herausgegeben von Mittler & Sohn in Berlin, einen ausführlichen Artikel über die hohlen Achsen und ihre zweckmäßigste Dimensionierung geschrieben.

In meiner freien Zeit beschäftigte ich mich nun wieder mit dem Gedanken zur Lösung einer Räderlafette ohne Rücklauf. Bei einem Besuche des Kruppschen Museums sah ich ein Feldgeschütz, das sofort meine ganze Aufmerksamkeit in Anspruch nahm. Die ganze Anordnung dieser Lafette war von den ortsfesten Lafetten mit beim Schuß rücklaufender Oberlafette nach der seinerzeitigen Art der Schiffs- und Küstenlafetten Krupps übernommen. Das Rohr a — s. nebenstehende Abbildung — war mittels seiner Schildzapfen a_1

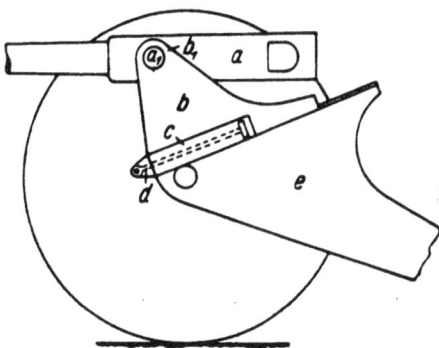

in Schildzapfenlagern b_1 der Oberlafette b gelagert und die Höhenrichtmaschine war an der Oberlafette angebracht. Beim Schuß glitt die Oberlafette samt Rohr auf der nach rückwärts stark ansteigenden Gleitbahn der Unterlafette zurück. Zwischen Ober- und Unterlafette waren
2 Glyzerin-Bremszylinder eingeschaltet, wovon die Bremszylinder c mit
der Oberlafette und die Bremskolbenstangen d mit Kolben an der Unterlafette e befestigt waren. Der beim Schuß entstehende Rückstoß wurde
von der Oberlafette durch die Bremse auf die Unterlafette übertragen.
Unter dem Einflusse der Schwere glitt alsdann die Oberlafette nach
vollzogenem Rücklaufe wieder nach vorn.

Auf meine Frage an den damaligen Vorsteher des Museums erhielt
ich die Auskunft, daß das Geschütz nach Angabe eines nordischen Offi-
ziers gebaut worden sei, und daß diese Anordnung den Rücklauf aufheben sollte. Der Versuch habe aber das Gegenteil gezeigt, denn das Geschütz sei weiter zurückgelaufen als eines mit gewöhnlicher starrer Lafette.

Zunächst war mir klar, daß der beim Schuß im Rohre entstehende
Gasdruck wohl den Druck auf die Oberlafette mäßige, da die zu be-
wegende Masse der Oberlafette kleiner war als die Gesamtmasse einer
starren Lafette, und daß die Unterlafette selbst im ganzen hauptsächlich nur den im Bremszylinder entstehenden Druck auszuhalten
habe. Je größer aber der Winkel zwischen Rohr und Gleitbahn bei zu-
nehmender Erhöhung des Rohres wurde, um so stärker wurden Ober- und
Unterlafette beansprucht, denn damit das Rohr bei jedem Terrain nach
vollzogenem Rücklaufe wieder vorlief, mußte die Gleitbahn eine sehr
steile sein. Ein großer Rücklauf des 8,4 cm kalibrigen Rohres konnte
bei dieser Anordnung nicht erreicht werden; er betrug höchstens 300—
400 mm. Die Lafette konnte auch nicht leicht gebaut werden, da bei
großer Elevation die Beanspruchung der Lafette sich sehr der einer
starren Lafette näherte.

Um über die Wirkung einer solchen Anordnung ein anschauliches
Bild zu bekommen, muß man zwei Stellungen des Rohres in Betracht
ziehen, und zwar die eine, wo das Rohr parallel der Gleitbahn liegt und
die andere, wo das Rohr den größten
Winkel mit der Gleitbahn bildet.

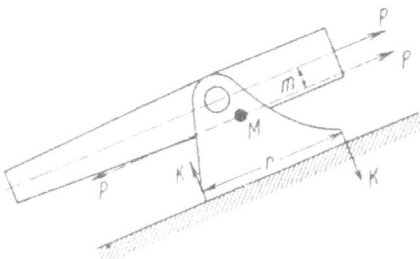

Nehmen wir zunächst den
ersteren Fall an, so sehen wir, daß
der beim Schusse entstehende Gasdruck P als Beschleunigungskraft
auf Rohr und Oberlafette wirkt. Ist
M der Schwerpunkt der zu bewegenden, aus Rohr und Oberlafette
bestehenden Masse, so kann man sich
im Schwerpunkt M ebenfalls eine zum Gasdruck parallele und gleichge-
richtete Kraft P wirkend denken, wenn man sie nur durch eine gleiche,

aber entgegengesetzt wirkende Kraft P wieder aufhebt. Hieraus sieht man, daß der Gasdruck P das aus Rohr und Oberlafette bestehende System parallel zur Gleitbahn zu verschieben sucht und das Drehpaar Pm das System im Sinne eines Uhrzeigers verdrehen will. Da das Drehpaar Pm durch das Drehpaar Kr, wobei r die Länge der gleitenden Fläche der Oberlafette bedeutet, ersetzt werden kann, so erhält man als Größe $K = \dfrac{Pm}{r}$ den Reibungsdruck auf der Schlittenbahn, und zwar vorne nach oben und hinten nach unten. Ist f der Reibungskoeffizient, so ergibt sich am Schlitten eine der Pulverkraft entgegengesetzte Kraft von $2Kf = 2\dfrac{Pm}{r} \cdot f$.

Die Beanspruchung beim Schusse selbst ist also für die Unterlafette gering, da sie nur dem Drehmomente Pm zu widerstehen hat, während die Oberlafette außer diesem Drehmomente noch der Praft P Rechnung tragen muß. Würde die Schildzapfenachse des Rohres mit dem Schwerpunkte der Oberlafette zusammenfallen, so fände während des Schußvorganges überhaupt keine Beanspruchung der Unterlafette statt, weil das Drehmoment Pm wegfiele.

Wenn man von dem verhältnismäßig geringen Wege absieht, den die Oberlafette zurücklegt, bis das Geschoß das Rohr verlassen hat, so hat nun die hydraulische Bremse die im zurücklaufenden System, d. h. im Rohr und Oberlafette infolge des Gasdruckes aufgespeicherte Arbeit zu verzehren. Der hierbei entstehende Bremsdruck bringt die Oberlafette allmählich relativ zur Unterlafette in Ruhe, während diese durch eben diesen Bremsdruck in beschleunigte Rückwärtsbewegung gebracht wird. Da der glatte Lafettenschwanz bei dieser Ausführung während des Schusses keinen bedeutenden, vom Schusse herrührenden Druck auf den Boden ausübte und infolgedessen sich auch nicht in den Boden eindrücken konnte, wie solches bei der starren Lafette der Fall ist, so ist es begreiflich, daß bei dem nachfolgenden starken Bremsdrucke, welcher bei dem gestatteten kurzen Rücklaufe der Oberlafette vorhanden war, die Lafette weiter als eine starre Lafette zurücklief.

Betrachten wir nun den zweiten Fall, bei welchem der Schuß bei dem größten Winkel a abgegeben wird, den die Rohrachse mit der Gleitbahn einschließt. Der Gasdruck P kann in zwei Komponenten zerlegt werden, und zwar in eine Kraft, parallel zur Gleitbahn, von der Größe $P\cos a$ und in eine zur Gleitbahn senkrechte Kraft von der Größe $P\sin a$.

Die Kraft $P\cos a$ sucht die Oberlafette mit Rohr nach rückwärts zu verschieben und wenn wieder M den Schwerpunkt von Rohr und Oberlafette bezeichnet, so ist wie im ersteren Falle $2\dfrac{P\cos a\, m}{r} f$ die der Kraft $P\cos a$ entgegenwirkende Kraft und die Unterlafette hat nur das Drehmoment $P \cos a \, m$ aufzunehmen. Dagegen wird die Komponente $P \sin a$ die Oberlafette gegen die Unterlafette pressen und so der Verschiebung der Oberlafette eine Kraft $P \sin a \, f$ entgegensetzen. Die Kraft $P \sin a$ wird aber hauptsächlich die Unterlafette während des Schußvorganges stark beanspruchen und infolgedessen wird die auf dem Boden entstehende Reibung einen geringeren Rücklauf des ganzen Geschützes als bei der starren Lafette hervorbringen.

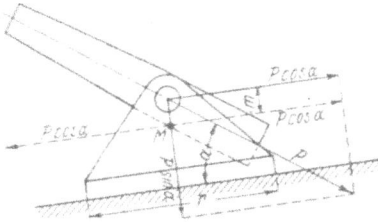

Diese Lafettenkonstruktion läßt also zweifelsfrei erkennen — ohne die Bremse in Betracht zu ziehen, bei der während des Schusses selbst der Kolben sich gegenüber dem Bremszylinder nur um wenige Millimeter verschiebt —, daß sie der Aufgabe, die gestellt war: eine Feldlafette ohne Rücklauf herzustellen, nicht gewachsen sein konnte. Außerdem wird eine solche Lafette auch bedeutend schwerer als eine gewöhnliche starre Lafette, da sie bei der größten Erhöhung des Rohres nahezu den ganzen Gasdruck aufnehmen muß. Abgesehen davon, daß die Bremswirkung bei jeder Elevationsänderung eine andere sein wird, ist vor allem zu bedenken, daß der Rücklaufweg der Oberlafette verhältnismäßig gering ist, da eben die Bauart einen größeren Weg der Oberlafette nicht zuläßt und somit der Bremsdruck ein bedeutender ist. Eine Aufhebung des Rücklaufes bei glattem Lafettenschwanz ist somit ausgeschlossen und wenn ein Sporn am Lafettenschwanz angebracht würde, so würde unvermeidlich die Lafette bei kleinem Erhöhungswinkel des Rohres mindestens ebenso hoch bucken, d. h. die Räder würden sich ebenso hoch von ihrer Unterlage entfernen, wie es beispielsweise bei der preußischen Lafette C/96 der Fall war. Dieses Springen ist aber noch schädlicher als die Schußbeanspruchung, da die Räder mit der Zeit diesen Stößen, insbesondere bei Aufstellung des Geschützes auf gefrorenem Boden, nicht gewachsen sind.

2. Kapitel.

Bau einer Räderlafette ohne Rücklauf mittels des langen Rohrrücklaufs.

Die hier nach irrigem Prinzip gebaute Lafette bewog mich, von neuem mich in meinen freien Stunden der Herstellung eines Feldgeschützes ohne Rücklauf zuzuwenden. So wurde ich durch den Irrtum eines anderen zur richtigen Lösung geführt. Ich begann meine Arbeit im Sommer 1888 und konnte bereits im November desselben Jahres dem Direktor der Artilleristischen Abteilung im Werke, Groß, eine Denkschrift samt einer Zeichnung unterbreiten, die ich als Abschrift des noch in meinen Händen befindlichen Originals hier wiedergebe:

Denkschrift über das Geschütz mit langem Rohrrücklauf und das Rohrvorlaufgeschütz.

Konstruktion einer 8,7-cm-Feldlafette ohne Rücklauf.

Die Konstruktion soll ermöglichen, daß die Feldartillerie in jedem Terrain Aufstellung nehmen kann und außerdem in geeigneten Gefechtsmomenten imstande ist, einerseits schnell, andererseits selbst dann noch zu feuern, wenn die sonst übliche Bedienungsmannschaft zum Teil gefechtsunfähig gemacht wurde. Ein Zurücklaufen des Geschützes, infolge der ihm erteilten lebendigen Kraft, ist nicht nur durch die Notwendigkeit, es wieder an Ort und Stelle zu bringen, mit Zeitverlust verbunden, sondern es geht auch eine gewisse Zeit verloren, es von neuem einzurichten. Bei der gewöhnlichen Lafette ist die sie beanspruchende Kraft eine sehr bedeutende und es wird die Achse vorzugsweise dadurch beansprucht, daß sie die Räder zu beschleunigen hat; diese ungünstige Beanspruchung wird aber durch die Mitnehmer gemildert. Bei der größten Elevation wird die Achse infolge des Druckes der beiden Lafettenwände sowie diese selbst stark beansprucht.

Zur Reduzierung dieser Beanspruchungen darf der volle Gasdruck nicht der Lafette zugemutet werden, sondern nur dem weit widerstandsfähigeren Rohre. Um aber den angedeuteten Zeitverlust zu verringern, muß das Geschütz wieder von selbst an den alten Standort zurück, und zur Vermeidung des wiederholten Einrichtens muß die Lafette an Ort und Stelle verbleiben und nur die Oberlafette oder das Rohr darf sich bewegen.

Während bei jenen Geschützen, die einer Ortsveränderung nicht unterworfen sind, dem Konstrukteur freie Wahl in der Anordnung sowohl in bezug auf Ausdehnung als Gewicht und Lage der einzelnen Teile gegeben ist, treten bei der Feldlafette Forderungen an ihn heran, die die Konstruktion zu einer schwierigen machen. Ein wesentlicher Punkt ist außerdem, daß die gewöhnlichen Lafetten fest mit dem Terrain verbunden werden, während bei der Feldlafette mit Rücksicht auf Zeit und Ortsveränderung dies nicht gestattet und auch nicht in jedem Boden erreichbar ist. Vor allem soll die Feldlafette leicht sein; wenigstens dürfte eine Neukonstruktion das bisherige Gesamtgewicht nicht überschreiten. Dies bedingt, daß alle Teile so angeordnet werden, daß keine ungünstigen Beanspruchungen zur Geltung kommen. Damit das Geschütz nicht so leicht kampfunfähig wird, ist es nötig, daß die empfindlicheren Konstruktionsteile vor leichteren feindlichen Geschossen gesichert sind. Die Teile selbst müssen leicht ausgewechselt werden können und ihre Anzahl muß auf ein Minimum zu bringen gesucht werden.

Um die Beanspruchung der Lafette auf ein Minimum zu bringen und dieselbe bei allen Elevationen konstant zu erhalten, ist von der gegenwärtig üblichen Anordnung abgegangen worden. Während bei den

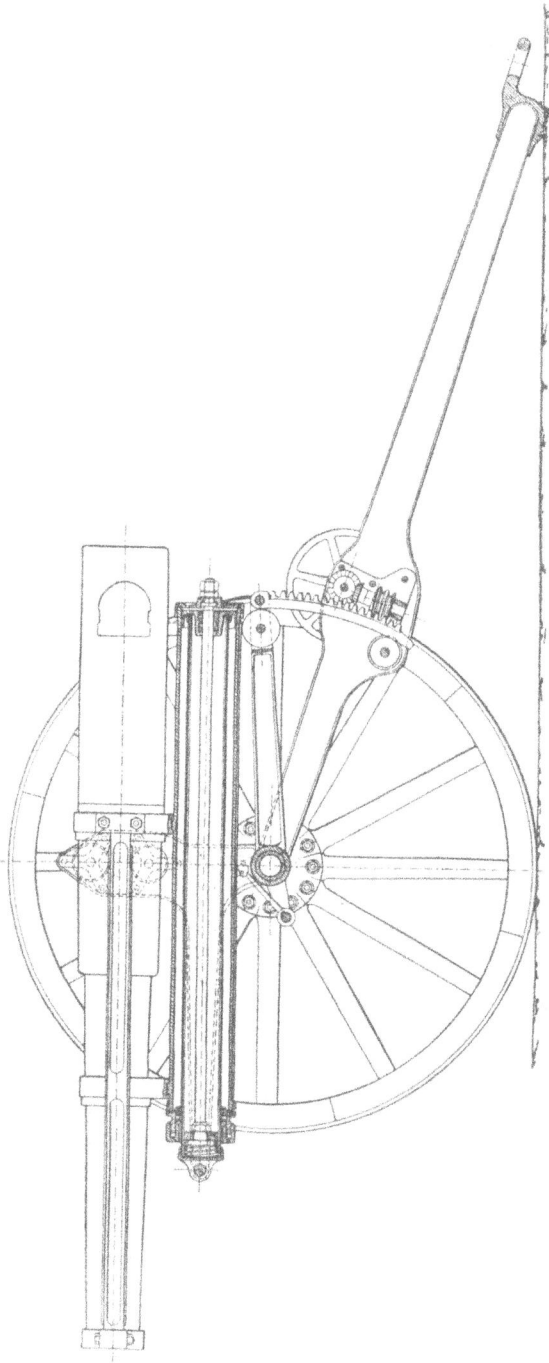

jetzigen Lafetten die Oberlafette nur eine Verschiebung
gestattet, während das Rohr
allein eleviert, soll bei dieser
Anordnung die Oberlafette
mit dem Rohr elevieren. Bei
den jetzigen Anordnungen
läuft die Oberlafette stets auf
derselben Ebene zurück, bei
dieser Konstruktion soll das
Rohr in Richtung der Seelenachse zurückgeführt werden.
Dadurch findet der auf dem
Verschluß zur Geltung kom-
mende Gasdruck keine Zer-
legung in Komponenten, die
eine Beanspruchung der Lafette auf Biegung in bedeu-
tendem Maße hervorrufen
und mit dem Wachsen der
Elevation sich erhöht. Die
schiefe Ebene, die man wählt,
um ein selbsttätiges Vor-
laufen zu ermöglichen, erhöht diesen Mißstand noch.
Anderseits würde ein Zurücklaufen je nach der jeweiligen
Beschaffenheit der aufeinander gleitenden Flächen insbesondere unsicher bei einer
Feldlafette werden. Wird der
Sicherheit halber der Winkel
noch größer genommen, so
kann durch die beim Vor-
lauf der Oberlafette in derselben entstehende lebendige
Kraft ein Verstoßen der
ganzen Lafette hervorge-
rufen werden. Der Rück-
lauf selbst muß derart sein,
daß eine konstant gleiche
Beanspruchung der Lafette
vorhanden ist, denn dadurch
wird bei einer gewissen Rück-

laufstrecke die bremsende Kraft oder die die Lafette zu verschieben suchende Kraft ein Minimum.

Die Konstruktion zum Vorlauf des Rohres in die Schußstellung muß derart sein, daß dieselbe unter jeder Elevation mit einer konstant auf sie einwirkenden gleichen Kraft in möglichst kurzer Zeit in dieselbe, und zwar ohne störenden Stoß gelangt. Zur Vernichtung des größten Teils der dem Rohre innewohnenden lebendigen Kraft soll ein Bremszylinder gewöhnlicher Anordnung dienen. Zum Vorlauf selbst soll weder die schiefe Ebene wegen der bereits erwähnten Nachteile, noch Federn, wie sie bei den Schnellfeuerkanonen kleineren Kalibers üblich, zur Anwendung gelangen. Denn letztere sind ja einesteils wegen ihres leichten Defektwerdens und andernteils wegen ihrer ungleichmäßigen Kraftwirkung, die außerdem auf einfache Weise nicht variabel gemacht werden kann, von vornherein bei der Feldlafette ausgeschlossen.

Zum Vorlaufe selbst soll die atmosphärische Luft bzw. die beim Rücklauf erzeugte Luftleere benützt werden. Letztere wird beim Rücklaufe in bezug auf den Weg gleichmäßig erzeugt und bildet mit der Wirkung des Glyzerinbremszylinders und der Reibung die gesamte bremsende Kraft. Komprimierte Luft ist ausgeschlossen, da dieselbe entsprechend dem Mariotteschen Gesetze zu ungleichmäßigen Druck erzeugt. Der hierzu nötige Zylinder könnte dermaßen dimensioniert sein, daß der Glyzerin-Bremszylinder dadurch unnötig würde; allein da ersterer einen ziemlich großen Durchmesser erhalten müßte und um ihn gegen äußere Verletzung zu schützen, doch stark sein muß, so käme dadurch ein ziemliches Gewicht in Rechnung. Es handelt sich nunmehr um die zweckmäßigste Anordnung der Zylinder.

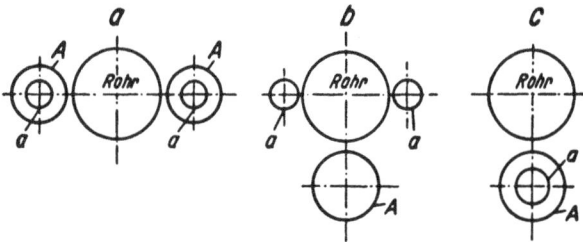

In Abb. a sind zwei Bremszylinder a und zwei Luftzylinder A angenommen, die sich ineinander befinden. Theoretisch ist diese Annahme begründet, denn die in der Seelenachse konzentriert zu denkende Kraft liegt hier mit den bremsenden Kräften in einer Ebene und infolgedessen wird diese Bremsung kein verdrehendes Moment hervorrufen; mit anderen Worten, es entsteht in dem Rohre nicht die Tendenz, aus der Schußrichtung herauszugehen. Vom praktischen Standpunkt aus läßt sich aber einwenden, daß die Anlage 1) teuer, 2) die Anzahl der Teile eine große und infolgedessen die Gefahr des Defektwerdens eine hohe und außerdem die Reinigungsarbeit wegen der beim Schuß zum Vorschein kommenden blanken Teile eine beträchtliche ist und 3) kommt die Einschränkung des Platzes für die Achssitze in Betracht.

Die Anordnung in Abb. b, wo die beiden Bremszylinder a wieder seitlich, der Luftzylinder A unten ist, macht sich günstiger für die Achssitze. Die Stopfbüchsen der Bremszylinder sind hier leichter zugänglich, allein die Zahl der die Reinigung bedingenden Teile erhöht sich.

In Abb. c ist der Bremszylinder a im Luftzylinder A unterhalb des Rohres angebracht. Dadurch schützt man beide vor der Gefahr eines Defektwerdens, eine Platzvergeudung ist ausgeschlossen, und insbesondere finden die bisherigen Achssitze keine Verschmälerung. Das Gewicht wird bedeutend geringer als in Abb. a oder Abb. b und außerdem ist, wie aus der Zeichnung ersichtlich, nur der Glyzerinbremszylinder beim Schießen abwechselnd verdeckt und an der Luft. Während des Nichtfeuerns ist auch er verdeckt.

Berechnung der Hauptdimensionen des Glyzerin-Bremszylinders.

Die Größe des Rücklaufes ist dadurch bedingt, daß das Geschützrohr unter Zugrundelegung einer gewissen Feuerhöhe bei der Maximalelevation den Boden nicht erreicht, oder dadurch, daß man die Länge des Rücklaufes möglichst groß machen soll, um eine möglichst kleine vorschiebende Kraft zu bekommen. Im letzteren Falle müßte eben die Feuerhöhe entsprechend zu nehmen sein. Auch darf das Gewicht der bremsenden Teile nicht zu sehr wachsen. Mit Berücksichtigung dieser Umstände nahm ich für die der Konstruktion zugrundegelegte (8,7 cm) Feldlafette einen Rücklauf von 1,2 m an. Die Züge des Bremszylinders sollen, wie bereits angedeutet, derart sein, daß die Wucht des Rohres durch eine konstant einwirkende Kraft genommen wird. Dies ist offenbar identisch mit dem senkrechten Aufsteigen eines Körpers. Derselbe besitzt eine gewisse lebendige Kraft und auf ihn wirkt während des Emporsteigens die Schwere als konstante Kraft ein und bringt ihn zum Stillstand.

Ist $\frac{M V^2}{2}$ die Wucht des zurücklaufenden Rohres und der damit verbundenen Teile, wobei M die Masse, V die Geschwindigkeit darstellt und soll auf einem Wege s diese lebendige Kraft durch eine konstant wirkende Kraft K genommen werden, so gilt offenbar

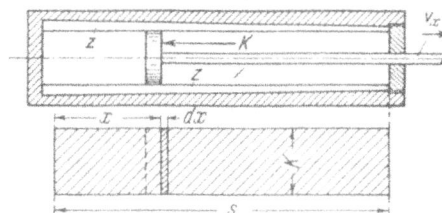

$$\frac{M V^2}{2} = K s \quad \text{oder} \quad K = \frac{M V^2}{2 s}.$$

Auf dem Bremszylinderkolben muß also ein Druck $= K$ entstehen, und dies bedingt eine bestimmte Querschnittsdimension der Züge für das Durchströmen des Glyzerins. Mit anderen Worten: »Die Arbeit als Produkt aus Kraft und Weg soll sich als Rechteck repräsentieren von der Länge s und der Höhe K, und es muß deshalb auf jedem Wegelemente $d\,x$ die Arbeit $K \cdot d\,x$ geleistet werden« und dies geschieht durch das Erzeugen lebendiger Kraft im Glyzerin. Es muß also sein

$$K\,d\,x = \frac{F\,d\,x\,\gamma}{2\,g}\left(v_x\,\frac{F}{c\,f}\right)^2,$$

wobei F den Querschnitt des Bremskolbens, γ das spezifische Gewicht des Glyzerins, g die Erdbeschleunigung, v_x die jeweilige Geschwindigkeit des Kolbens oder Rohres, f den Querschnitt der Züge ($z\,z$) und c den Kontraktions-Koeffizienten bei der Zugdurchströmung bedeutet.

Das Produkt $\left(v_x\,\dfrac{F}{c\,f}\right)$ ist nichts anderes als die Durchströmgeschwindigkeit des Glyzerins, welche ja im umgekehrten Verhältnis der Querschnitte größer ist. $\dfrac{F\,d\,x\,\gamma}{2\,g}$ stellt die Masse des durchströmenden Glyzerins auf dem Wege $d\,x$ dar.

Wir können nun sagen:

$$K\,d\,x = \frac{M\,V^2}{2\,s}\,d\,x = \frac{F\,\gamma}{2\,g}\,\frac{F^2}{(c\,f)^2}\,v_x^2\,d\,x$$

$$K = \frac{F\,\gamma}{2\,g}\,\frac{F^2}{(c\,f)^2}\,v_x^2.$$

Nun ist bei der gleichmäßig verzögerten Bewegung $v_x = V - p\,t_x$, wobei V die Geschwindigkeit des Rohres, p die negative Beschleunigung desselben und t_x die seit der Erteilung der lebendigen Kraft verflossene Zeit bedeutet. Demgemäß ist $t_x = \dfrac{V - v_x}{p}$.

Weiter ist $x = V\,t_x - \dfrac{1}{2}\,p\,t_x^2$, wo x den bereits zurückgelegten Weg des Rohres bedeutet.

Setzen wir in diese Gleichung den oben gefundenen Wert von t_x ein, so ist

$$x = V\,\frac{V - v_x}{p} - \frac{1}{2}\,p\,\frac{(V - v_x)^2}{p^2} = V\,\frac{V - x_x}{p} - \frac{1}{2}\,\frac{(V - v_x)^2}{p}$$

$$p\,x = V^2 - V\,v_x - \frac{1}{2}\,V^2 + V\,v_x - \frac{1}{2}\,v_x^2$$

$$2\,p\,x = V^2 - v_x^2$$

$$v_x^2 = V^2 - 2\,p\,x = V^2 - 2\,\frac{K}{M}\,x = V^2 - \frac{2\,M\,V^2}{2\,M\,s}\,x = V^2 - \frac{V^2}{s}\,x$$

$$v_x^2 = V^2\left(1 - \frac{x}{s}\right).$$

Diesen Wert setzen wir wieder in die Arbeitsgleichung ein und erhalten so

$$\frac{M\,V^2}{2\,s} = \frac{F\,\gamma}{2\,g}\,\frac{F^2}{(c\,f)^2}\,V^2\left(1 - \frac{x}{s}\right)$$

$$\frac{M}{s} = \frac{F^2\,\gamma}{g\,(c\,f)^2}\left(1 - \frac{x}{s}\right)$$

$$(c\,f)^2 = \frac{F^2\,\gamma\,s}{g\,M}\left(1 - \frac{x}{s}\right) = \frac{F^2\,\gamma}{G}\,(s - x)$$

$$c\,f = F\,\sqrt{\frac{F}{G}\,\gamma}\cdot\sqrt{s - x},$$

wobei G das Gewicht der zurücklaufenden Teile bezeichnet.

Den Kontraktions-Koeffizienten wollen wir der Sicherheit halber zu 0,8 annehmen. Denn auf diese Weise erhalten wir den Querschnitt der Züge eigentlich zu klein und entsprechend dem praktischen Versuche kann dann nachträglich die der rollenden Reibung entsprechende Vergrößerung des Durchströmquerschnitts vorgenommen werden.

Bei der 8,7 cm Feldlafette ist nun das Geschoßgewicht 6,8 kg,

Anfangsgeschwindigkeit des Geschosses = 465 m,

Rohrgewicht plus Bremszylinder plus den übrigen, am Rohr befindlichen Teilen = 530 kg.

Beim Schuß ist bekanntlich die Bewegungsgröße des Rohres gleich der des Geschosses, also

$$M g V = m g w$$

$$530 \, V = 6,8 \cdot 465 \text{ oder } V = 6,0 \text{ m,}$$

folglich ist die lebendige Kraft des Rohres

$$\frac{M V^2}{2} = \frac{530 \cdot 36}{2 \cdot 9,81} = \text{rd. } 954 \text{ mkg [1]);}$$

da $s = 1,2$ m angenommen, so ergibt sich

$$P = \frac{954}{1,2} = 795 \text{ kg.}$$

Da infolge des Ausströmens der Pulvergase eine erhöhte Beschleunigung des Rohres eintritt, so sei der Sicherheit halber P auf 850 kg erhöht.

Aus der Gleichung für den Zugquerschnitt an beliebiger Stelle des Bremszylinders geht hervor, daß es angezeigt ist, F groß zu machen, um die Züge genügend tief zu bekommen, wodurch eine Ungenauigkeit in den Zügen in der Ausführung nicht sehr störend wirkt; F ist aber auch deshalb groß zu machen, um den Druck im Glyzerin klein zu bekommen. Andererseits soll aber das Gewicht kein zu großes werden, also F wieder klein. Aus diesem Grunde nahm ich den Durchmesser des Bremskolbens zu 70 mm an. Die Dimension des Luftzylinder-Durchmessers bestimmt sich dadurch, daß man verlangt, daß bei der größten Elevation, d. i. 25°, die Luftleere imstande ist, das Rohr in die Schußstellung vorzubringen. Dies verlangt eine Querschnittsfläche von 210 cm² im luftleeren Teil des Zylinders. Mit Berücksichtigung der Reibung und anderer Widerstände sei ein Durchmesser von 17 cm angenommen. Mit Rücksicht darauf ergibt sich die für den Bremszylinder übrigbleibende Kraft zu 850 — 226 = rd. 625 kg.

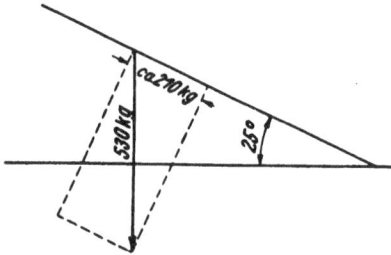

Wir haben also im ganzen 3 konstant wirkende Kräfte:

1) Widerstand der rollenden und gleitenden Reibung, die hier nicht besonders in Rechnung gezogen wird, sondern die auf Grund des praktischen Versuchs eine Vergrößerung des Durchströmungsquerschnittes des Glyzerins bedingt, 2) Widerstand im Bremszylinder und 3) Widerstand, der sich dem großen Kolben durch Schaffen der Luftleere entgegensetzt.

---

[1]) Eigentlich 973 mkg (D. Verf.).

Berechnung der Züge des Bremszylinders:

$$cf = F \sqrt{\frac{F\gamma}{G'}} \cdot \sqrt{s-x}$$

$s = 1,2$ m; $c = 0,8$; $\gamma = 1300$; $F = 38,5$ cm²; $G' = \dfrac{625}{850} \cdot 530 = 390$.

Spielraum des Kolbens = 0,2 mm im Durchmesser, folglich $\pi d = 3,14 \cdot 7$ = 21,98 cm, gesamter Flächenspielraum = 219,8 · 0,1 = 22 mm².

$$f\text{mm}^2 = \frac{38,5 \cdot 1\,000\,000}{10\,000 \cdot 0,8} \sqrt{\frac{38,5 \cdot 1300}{390 \cdot 10\,000}} \cdot \sqrt{s-x}$$

$$f\text{mm}^2 = 543 \sqrt{1,2 - x}.$$

1,2 bezieht sich auf den Rücklauf ohne Berücksichtigung der Gewichtskomponente. Infolge letzterer wird mit dem Wachsen der Elevation der Weg s sich etwas vergrößern.

Weg in m	mm²	Zugquerschnitt in mm²
$x = 0$	$f = 595-22$	573
$x = 0,1$	$f = 569-22$	547
$x = 0,2$	$f = 543-22$	521
$x = 0,3$	$f = 515-22$	493
$x = 0,4$	$f = 485-22$	463
$x = 0,5$	$f = 454-22$	432
$x = 0,6$	$f = 420-22$	398
$x = 0,7$	$f = 384-22$	362
$x = 0,8$	$f = 343-22$	321
$x = 0,9$	$f = 297-22$	275
$x = 1,0$	$f = 243-22$	221
$x = 1,05$	$f = 210-22$	188
$x = 1,10$	$f = 172-22$	150
$x = 1,15$	$f = 121-22$	99
$x = 1,2$	$f = 0$	0

Tragen wir nun auf dem Wege s die jeweiligen Zugquerschnitte auf, so erhalten wir als Verbindungslinie der Endpunkte eine Parabel. Da die Form der Züge Schwierigkeiten in der Herstellung hätte, so verwandelt man zweckmäßig die Parabelfläche in eine Trapezfläche, deren eine Seite s und deren beide andere Seiten so gewählt werden, daß die 4. Seite $A B$ sich nur wenig von der Kurve entfernt und daß die zwei gleich schraffierten Flächen ebenso groß wie die 3. doppelt schraffierte Fläche werden. Im Anfange des Rücklaufes ist der Querschnitt alsdann zu groß, mithin der Druck kleiner als der zugrunde gelegte, wächst nun, erreicht bei C den zugrunde gelegten Druck, überschreitet dann diesen bis D und fällt dann von D bis B. Die Differenzen in den Drucken betragen dadurch wenige Prozent vom Normaldruck. Sobald unter Elevation geschossen wird, tritt zur lebendigen Kraft des Rohres noch eine Komponente des Gewichtes und dieselbe beträgt, wie schon angegeben, bei 25° Elevation ca. 210 kg. Wir haben also in diesem Falle anstatt des Druckes von 850 kg einen Druck gleich 850 + 210 = 1060 kg und infolge dieses größeren Druckes wird die Geschwindigkeit des Rohres nicht so schnell abnehmen als im anderen Falle. Denn Geschwindigkeit, Druck und Zugquerschnitt stehen in unabänderlichem Verhältnis.

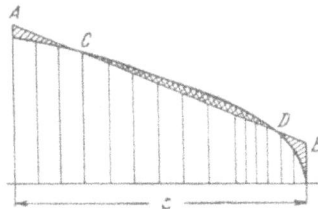

Wegen dieser Komponente wird auch der Rücklauf um ein Geringfügiges erhöht, dessen Wert ich hier nicht rechnen, sondern zu 80 mm annehmen will. Die dadurch erhöhte Tendenz, die Lafette zurückzuschieben, wird wieder neutralisiert durch den entstehenden Reaktionsdruck infolge Abgleitens des Rohres. Außerdem tritt sogar noch eine Komponente infolge der bremsenden Kraft hinzu. Die Reibung ist infolge der Rollen ziemlich konstant, sowohl bei verschiedenen Elevationen als bei jedem Witterungseinfluß.

Am Rohre selbst sind die Führungsstücke für das Zurücklaufen und die schweren bremsenden Teile befestigt, um die lebendige Kraft des Rohres möglichst klein zu bekommen. Während mit dem Rohr der große Zylinder und der Kolben des Bremszylinders verbunden sind, sind Bremszylinder und Luftzylinderkolben mit der Lafette verbunden.

Wenn nötig, kann an der vorderen Seite des Luftzylinders ein Ventil angebracht werden, damit die Luft sich hier beim Rücklauf nicht komprimiert, außerdem ein Hahn, der der Elevation entsprechend so gestellt wird, daß das Rohr nicht zu schnell in die Schußstellung vorläuft, da das Nachströmen der Luft eine gewisse Zeit braucht.

Um nicht eine besondere Achse zum Elevieren zu benötigen, wurde die Radachse direkt als solche benützt. Wegen der geringen Beanspruchung kann sie bedeutend leichter gehalten werden als dies selbst das Fahren benötigt. Ebenso können die Räder und Lafettenwände leichter gehalten werden; und diese Erleichterung dient dazu, das Gewicht der neu hinzutretenden Teile auszugleichen. Die Bewegung der Oberlafette, die sich hier nur auf ein Drehen beschränkt, geschieht dann, wenn das Rohr sich in der Schußstellung befindet, also nur geringfügige Schwerpunktshebungen und -senkungen stattfinden. Dadurch, daß die Zahnstange unterhalb der hinteren Rolle angebracht ist, werden infolge der auf ihr zur Geltung kommenden Kraft keine Biegungsmomente in dem Obergestell hervorgerufen. Der Druck teilt sich durch die Schnecke und das Lager unmittelbar den Lafettenwänden mit. Es ist dadurch der Druck nicht erst durch mehrere Konstruktionsteile zu übertragen und somit eine gewisse Gewichtserleichterung und eine Reduktion des Spielraumes vorgenommen.

Ungefähre Berechnung der Drucke, die auf den Rollen und somit auch auf der Lafette zur Geltung kommen.

Steht das Rohr in der Schußstellung, so lastet auf den mittleren Rollen nahezu das ganze Gewicht und auf der hinteren der eventuell vorhandene Überdruck. Beim Rücklauf sucht sich nun das Rohr infolge des Abstandes a vom Bremszylinder mit dem Drehmoment $P a$ zu drehen, und es muß diesem Drehmoment durch an den Rollen hervorgerufene Kräfte das Gleichgewicht gehalten werden. Es muß also sein $P_1 b = P a$, woraus sich der auf die vorderen oberen Rollen und die hintere Rolle wirkende Druck P_1 finden läßt. Die unteren vorderen Rollen werden um diese Größe entlastet. $P_1 \dfrac{a}{b} = \dfrac{850 \cdot 225}{625} = \text{rd. } 300 \text{ kg.}$

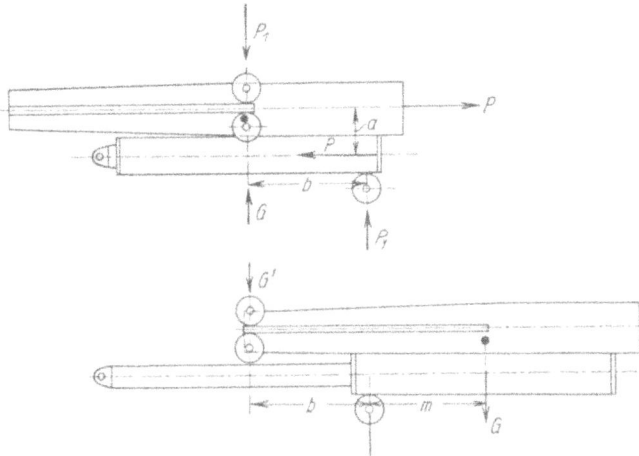

Demgemäß pro untere vordere Rolle = 150 kg. Ist das Rohr in der Endstellung angekommen, so wirkt auf die hintere Rolle ein Druck, der sich folgendermaßen bestimmt:

1) $G' + G = \left(\dfrac{m}{b} + 1\right) G = \left(\dfrac{580}{625} + 1\right) 530 = 1020 \text{ kg.}$

2) Druck infolge der Entfernung der Rohrachse von der Bremszylinderachse gleich 300 kg.

3) Der Druck im Bremszylinder sucht die Oberlafette um die Lafettenachse zu drehen und dieser Kraft wird durch die hintere Rolle das Gleichgewicht gehalten. $180 \cdot 850 = 625 \cdot Z$, woraus $Z = 250$ kg.

Folglich ist der Gesamtdruck auf die hintere Rolle während der Bremswirkung $P = 1020 + 300 + 250 = 1570$ kg, infolgedessen der Zahndruck $= 1570 \cdot \dfrac{625}{700} = 1400 \text{ kg.}$

Auftretender Druck während des Schußvorganges.

Durch die Entfernung des Schwerpunktes des Bremszylinders (= 230 mm) von der Rohrachse ist bei der Erteilung des Rückstoßes ein verdrehendes Moment vorhanden, dessen Maximalwert sich folgendermaßen bestimmt: Angenommen, das Material sei vollkommen unelastisch, so ergibt sich offenbar ein Moment bei dem Gasdruck von 1800 Atmosphären von $1800 \cdot \dfrac{\pi}{4} 8{,}7^2 \cdot x = 106920\, x$, wobei x gleich Entfernung des Gesamtschwerpunktes von Rohr und Bremszylinder ist. Rohrgewicht plus Führung usw. = 480 kg. Gewicht des Luftzylinders plus Bremskolben = 50 kg.

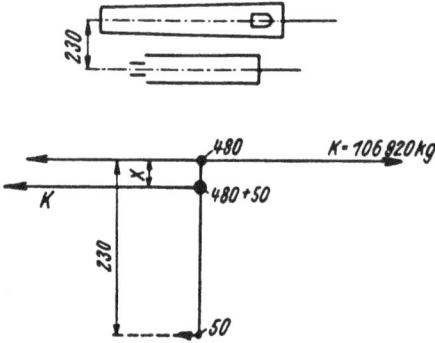

Es ist 480 x = 50 (230 — x), woraus x = rd. 22 mm. Infolge des Verschlußdruckes von K = 106920 kg wird in dem Massenschwerpunkt dieselbe Beschleunigungskraft K wachgerufen. Das Moment von 106920 · 22 müßte durch die Rollen aufgenommen werden, die eine Entfernung von 625 mm voneinander haben. 625 · P = 106920 · 22. Also P = rd. 3700 kg pro Rollenlagerung.

Da die Berechnung der Zähne des Richtbogens mit nur 1400 kg durchgeführt ist, so kann man, wenn man eine stärkere Beanspruchung nicht wünscht, eine Gewichtsmasse auf der oberen Seite des Rohres anbringen, und zwar etwa 25 kg mit 230 mm Schwerpunktsentfernung. Wird dieses Gewicht an dem Befestigungsring für den Luftzylinder angebracht, so wird die Beanspruchung durch die symmetrisch angreifenden Kräfte eine günstigere. Die Kraft von 3700 kg wird jedoch infolge der Elastizität des Materials nicht auftreten, sondern stets kleiner sein, besonders da der hohe Gasdruck nur einen Moment vorhanden ist.

Außer diesen durch die Verlegung des Schwerpunktes des Rohres und durch die Entfernung des Rohres vom Bremszylinder hervorgerufenen Kräften kommt noch die Kraft zur Rotationserteilung des Geschosses in Betracht. Der Einfachheit der Rechnung halber nehmen wir eine ideale Konstruktion des Dralles (entsprechend der Verbrennung des Pulvers) an, also Progressivdrall derart, daß die durch das Rohr zu leistende Widerstandskraft konstant ist, d. h. daß eine gleichmäßig beschleunigte Rotationsbewegung des Geschosses erfolgt. Zugleich sei das Material als vollkommen unelastisch gedacht.

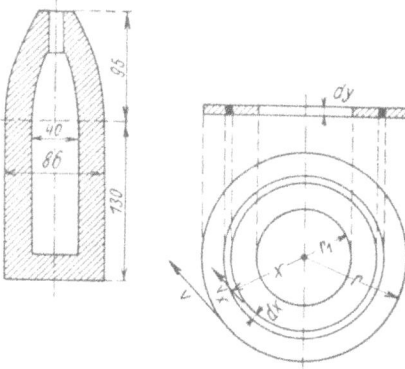

Ungefähre Bestimmung der am Umfang der Rohrseele auftretenden Widerstandskraft.

1. Zylinder von der Höhe = 130 mm, äußerer Durchmesser = 86 mm, innerer Durchmesser = 40 mm. v = Umfangsgeschwindigkeit des Geschosses.

Lebendige Kraft einer Ringscheibe

$$= \int_{x=r_1}^{x=r} \frac{2\pi x \, dx \, y \, dy}{2g} v_x^2,$$

wobei das spezifische Gewicht γ = 7800;

$$= \int_{x=r_1}^{x=r} \frac{2\pi\,x\,d\,x\,\gamma\,d\,y}{2\,g} \left(v\,\frac{x}{r}\right)^2$$

$$= \frac{2\pi\gamma\,d\,y\,v^2}{2\,g\,r^2} \left[\frac{x^4}{4}\right]_{x=r_1}^{x=r} = \frac{\pi\gamma\,d\,y\,v^2}{4\,g\,r^2}[r^4 - r_1^4].$$

Der Ring von 130 mm Höhe hat eine lebendige Kraft von

$$\frac{3,14 \cdot 7800\,v^2}{4 \cdot 9,81 \cdot 0,043^2} [0,043^4 - 0,02^4] = 0,143\,v^2\;\text{mkg}\,[1]).$$

2. Spitze als massiver Zylinder von 60 mm Durchmesser behandelt, ergibt ungefähr $0,030\,v^2$ mkg,

zusammen $0,143\,v^2 + 0,030\,v^2 = $ rd. $0,17\,v^2$ mkg.

Da die Drallänge des Rohres 45 Kaliber oder 3,915 m beträgt, so macht das Geschoß bei einer Geschwindigkeit von 465 m $\frac{465}{3,915} = 118$ Umdrehungen. Der Umfang des Geschosses ist $\pi\,d = 3,14 \cdot 0,086 = 0,27$ m; folglich die Umfangsgeschwindigkeit $= 0,27 \cdot 118 = 31,86 = 32$ m.

Daraus resultiert eine rotierende lebendige Kraft von $0,17 \cdot 32^2 = 174$ mkg. Nun ist die Beschleunigung

$$= \frac{\text{Kraft}}{\text{Masse}} = p = \frac{K}{M}.$$

Der Weg $s = \frac{1}{2}\,p\,t^2$, wobei $t = $ Zeit in Sekunden und s den Geschoßweg im Rohr bedeutet.

$$v = p\,t \text{ oder } t = \frac{v}{p},$$

also

$$s = \frac{1}{2}\,p\,\frac{v^2}{p^2} = \frac{v^2}{2\,p} = \frac{v^2}{2\,\dfrac{K}{M}} = \frac{M\,v^2}{2} \cdot \frac{1}{K}$$

$$K = \frac{M\,v^2}{2} \cdot \frac{1}{s} = \frac{174}{1,5} = 116\;\text{kg}\,[2]).$$

Diese Kraft ist also zu vernachlässigen. Wird diese lebendige Kraft dem Geschosse plötzlich erteilt, so wird infolge der Elastizität des Materials nur wenig Druck nach außen zur Geltung kommen.

Beim Fahren selbst muß das Rohr durch einen Bolzen derart gehalten sein, daß die Oberlafettenwände infolge von Stößen nicht unnötigerweise beansprucht werden.

Bei der Unterlafette kommen zwei Kräfte während des Schusses zur Geltung:

1. a) Das Gewicht der Ober- und Unterlafette, wobei der Schwerpunkt seine Lage nicht ändert. Es sei der Schwerpunkt mit einer Gesamtkraft von 320 kg in der Entfernung 400 mm von der Achse gelegen.

---

[1]) Siehe hiezu Anhang [15] S. 130 dieses Buches. (D. Verf.)

[2]) Diese Kraft K greift im Schwerpunktskreis der Beschleunigungskräfte tangential an und dieser Kreisdurchmesser kann zu 87 mm angenommen werden, da er nur wenige mm größer ist als der durch Rechnung zu bestimmende. (D. Verf.)

Dieses Gewicht nehme ich deshalb an, weil das Gewicht der gewöhnlichen 8,7-cm-Feldlafette 850 kg beträgt und diese Lafette dasselbe
Gewicht haben soll.

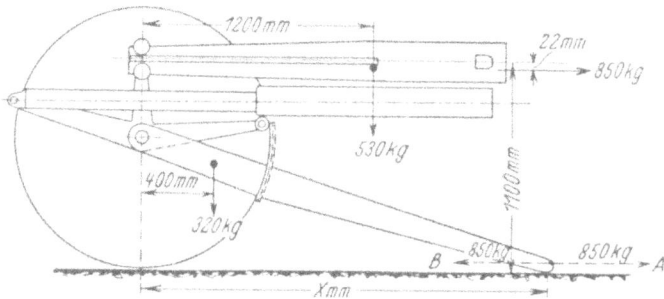

b) Das Gewicht des Rohres mit Luftzylinder und Bremszylinderkolben = 530 kg, welches seine Lage ändert und nach Vollendung des Rücklaufes eine Entfernung = 1200 mm von der Lafettenachse hat.

2. Die durch die Bremsung entstehende Kraft = 850 kg, welche
beim horizontalen Rohr am ungünstigsten zur Wirkung gelangt. Diese
Kraft von 850 kg kann unbeschadet ihrer Wirkung in der Terrainebene
angenommen werden, wenn ich sie nur durch eine entgegengesetzt wirkende Kraft wieder aufhebe. Die nach rückwärts gerichtete Kraft A
von 850 kg in der Terrainebene sucht die Lafette zu verschieben, während
die nach vorn gerichtete Kraft mit der am Rohr zur Geltung gelangenden
ein Drehmoment von $850 \cdot 1100$[1]) mm bildet, das die Lafette um den
Lafettenschwanz zu kippen sucht. Um das zu verhindern, dienen die Ent-
fernungen der Schwerpunkte der Ober- und Unterlafette und des Rohres
mit Luftzylinder. Soll ein Kippen nicht stattfinden, so muß sein $850 \cdot 1100$
$= (x - 400) \cdot 320 + (x - 1200) \cdot 530$, hieraus $x = 2000$ mm. Der
Sicherheit halber wollen wir von Radmitte bis Lafettenschwanz eine
Länge von 2100 mm annehmen. Um das Verschieben der Lafette zu verhindern, muß das Gewicht eine Reibung erzeugen, welche der Kraft
von 850 kg gleichkommt. Bezeichnet G das Gewicht, f den Reibungskoeffizienten, so muß sein $G f \geqq 850$

$$f = \frac{850}{850} \geqq 1.$$

Um nun diesen Reibungskoeffizienten zu erhalten, bringt man am
Lafettenschwanz Zähne an, die der Theorie des Keiles entsprechend sich
in den Boden oder ins Gestein einpressen.

---

[1]) Streng genommen, muß die Entfernung des Schwerpunktes der zurücklaufenden Masse von Rohr und Luftzylinder genommen werden, also anstatt 1100
nur (1100—22).

Mit dem Wachsen der Elevation addiert sich zu dem Gewichte die Vertikalkomponente der bremsenden Kraft, während die Horizontalkomponente selbst kleiner als 850 kg wird. Die Tendenz der Lafette, am Orte zu verbleiben, wird also erhöht durch die Größe der Elevation.

Sollte der praktische Versuch allenfalls einen so hohen Reibungskoeffizienten nicht ergeben, welcher entweder durch die angedeuteten Zähne oder durch andere stark reibende Teile zu erzielen gesucht wird, so könnte von nebenstehender Anordnung Gebrauch gemacht werden. Der Klotz wird mittels zweier Pfähle, die aus Gasrohr mit ca. 30 mm äußerem Durchmesser hergestellt sind, festgehalten und der Lafettenschwanz angedrückt. Der Druck beim Schusse selbst ist ein geringer, da nur wenig von der Reibung übrigbleiben wird. Durch die Form des Klotzes ist man nicht an eine bestimmte Stelle zum Einschlagen der Pfähle gebunden.

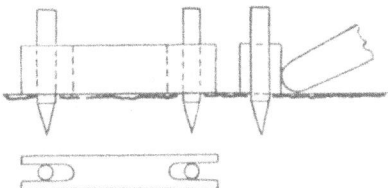

Das Festhalten des Rohres in der Schußstellung geschieht durch die Anordnung, wie sie auf der Skizze angegeben ist. Beim Vorlaufen des Rohres A in die Schußstellung versuchen die rechts und links von der Führung a am Luftzylinder A befindlichen Nasen n ein Umkippen des an der Feder f drehbar angebrachten Hebels h. Sobald die Nasen n die Feder f überschritten haben, geht der Hebel h infolge der Lage seines Schwerpunktes unterhalb seines Drehpunktes in seine ursprüngliche Stellung zurück, und wenn das Rohr infolge seines Gewichtes wieder zurückzulaufen sucht, verhindert dies der Hebel h, da er durch einen Vorsprung v an der Feder am Ausweichen nach der anderen Seite verhindert ist. Die Feder biegt sich infolge der auf ihr zur Geltung kommen den Last durch, aber nicht so weit, daß die Nasen n darüber hinweggleiten können. Erst beim Schuß wird die Feder f so weit durchgebogen, daß dies ermöglicht ist.

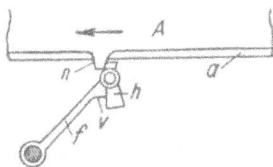

Wenn das Rohr nahezu in die Schußstellung gelangt ist, darf es nicht plötzlich zum Stillstehen gebracht werden, da sonst ein Verschieben der Lafette nach vorwärts stattfinden könnte. Man hat zu diesem Zwecke bei den jetzigen Anordnungen allgemein Bellevillefedern. Dieselben gestatten aber nur einen geringen Hub und sind schwer und außerdem wächst der Druck progressiv.

Diese Konstruktion habe ich dadurch umgangen, daß ich am vorderen Ende des Bremszylinders einen Kolbenring a von dem in der Abbildung dargestellten Querschnitt einlege, der sich mit geringem Spielraum dem Umfang des Zylinders anschließt. Wenn das Rohr und der mit

ihm wieder vorgehende Bremszylinderkolben *b* in die Nähe der Schußstellung kommt, so legt er sich gegen den erwähnten Kolbenring *a*.

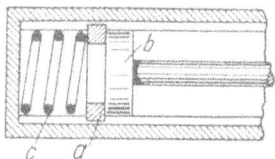

Das Glyzerin kann jetzt nur noch
durch den geringen Spielraum zwischen Ring und Zylinder durch und
so wird das Rohr zum Stillstand
gebracht. Die angedeutete Feder *c*
hat nur den Zweck, daß der Ring *a*
in die gezeichnete Lage von selbst
zurückgeht. Beim Rücklauf wird infolge des durchströmenden Glyzerins
dieser Kolbenring sofort zurückgedrängt.

Eine zweite Lösung beruht auf folgendem:

Ein nach vorwärts in Richtung der Seelenachse mit solcher Geschwindigkeit behaftetes Rohr, daß es die halbe lebendige Kraft des
Rückstoßes besitzt, wird abgefeuert. Der infolge des Abfeuerns entstehende Rückstoß vernichtet zunächst die dem Rohre bereits inne-
wohnende lebendige Kraft und geht mit der halben lebendigen Kraft
zurück.

Wird nun bei der Lafette diese halbe lebendige Kraft durch eine
konstant wirkende Kraft auf der Rücklaufstrecke abgenommen und
diese in Form von Luftleere aufgespeicherte Energie unmittelbar vor
dem nächsten Schuß dem Rohre auf derselben Wegstrecke ebenfalls
durch konstante Kraftwirkung mitgeteilt, so tritt dadurch beim Rücklauf und beim Vorlauf die Tendenz ein, die Lafette nach rückwärts
zu schieben. Die Kraft zum Verschieben ist aber gegenüber der ersten
Anordnung auf die Hälfte reduziert worden. Würde also die verschie-
bende Kraft bei Lösung I 850 kg betragen, so würde dieselbe jetzt
425 kg sein und daher ein Verschieben der Lafette selbst bei einem
Reibungskoeffizienten von 0,5 bei Eisen auf Erdreich noch verhindern.
Wird im allgemeinen die hier gezeichnete Lafettenkonstruktion bei-
behalten, so ist nur die Haltevorrichtung anstatt hinten vorn anzubringen, und nur beim ersten Schuß müßte das Rohr mittels Schrauben-
mechanismus zurückgezogen werden, um diese halbe lebendige Kraft
aufzuspeichern, da während eines großen Zeitraumes die Dichtung
nicht zu erhalten ist. Die Zeit hierzu würde entsprechend den 425 mkg
ca. 10—20 Sekunden sein, wenn es ein Mann bewerkstelligen sollte.

November 1888.   gez. Haußner.«

Zu der in der Denkschrift zuletzt aufgeführten zweiten Lösung,
welche heute unter dem Namen »Rohrvorlaufgeschütz« und bei
der französischen Artillerie unter der Bezeichnung »Canon à lancer«
bekannt ist, muß ich bemerken, daß ich mich dazumal über die Größe

der Wirkung zu meinem Nachteile geirrt hatte und daß auch das hierfür erteilte Patent D.R.P. 63146 vom 7. Juli 1891 in der Beschreibung
diesen Fehler noch trägt. Der Patentanspruch war richtig und lautet
folgendermaßen: »Verfahren zur Benützung der Ausrennbewegung
eines Geschützrohres zur teilweisen Vernichtung des nächstfolgenden
Rückstoßes, dadurch gekennzeichnet, daß das Geschützrohr, nachdem es
durch den Rücklauf Kraft aufgespeichert hat, geladen und dann freigegeben wird, wonach der Schuß während der Ausrennbewegung abgefeuert wird.«

Bekanntlich verhält sich beim Schuß die dem Rohr erteilte Geschwindigkeit
zu der dem Geschoß erteilten Geschwindigkeit umgekehrt wie ihre Massen oder
Gewichte, also $\frac{V}{v} = \frac{g}{G}$, wenn

$V =$ Geschwindigkeit des Rohres,
$v =$ Geschwindigkeit des Geschosses,
$G =$ Gewicht des Rohres, und
$g =$ Gewicht des Geschosses

bezeichnet. In diesem Falle ist angenommen, daß das Rohr vor Abgabe des Schusses
in Ruhe sei.

Nehmen wir nun an, wie es die 2. Lösung verlangt, daß das Rohr eine bestimmte
nach vorwärts gerichtete Geschwindigkeit $= V_1$ habe, während der Schuß erfolgt,
so spielt sich die Explosion relativ zum Rohre genau so ab, als wenn das Rohr stillgestanden hätte. Infolgedessen erhält das Geschoß relativ zum Rohr eine Geschwindigkeit $= v$, aber relativ zur Erde hat es außer der Geschwindigkeit v noch die zu-
sätzliche Rohrgeschwindigkeit V_1, also eine Gesamtgeschwindigkeit $= v + V_1$.
Das Rohr erhält beim Schuß die rückwärts gerichtete Geschwindigkeit $= -V$, wie
wenn es stillgestanden hätte, und da es bereits die Geschwindigkeit $+ V_1$ besitzt, so
erhält es beim Schusse die Gesamtgeschwindigkeit $= -V + V_1$.

In der Denkschrift hatte ich dieses zurücklaufende Gewicht des Rohres samt dem
des Luftzylinders und Bremskolbens zu 530 kg und das Geschoßgewicht zu 6,8 kg
angenommen. Die Geschwindigkeit des Geschosses war 465 m. Daraus resultierte
$\frac{V}{465} = \frac{6,8}{530}$ für das beim Schuß ruhig stehende Rohr, also $V = 6$ m.

Wenn dem Rohre nun nach der 2. Lösung nach vorwärts eine Geschwindigkeit von $V_1 = 3$ m innewohnt, so gilt für das Geschoß $v = 465 + 3 = 468$ m und
für das Rohr $- V + V_1 = - 6 + 3 = - 3$ m.

Das Rohr hat also eine Rücklaufgeschwindigkeit von nur 3 m. Beim ruhig
stehenden Rohre ergab sich für das zurücklaufende Rohr eine lebendige Kraft von

$$\frac{M V^2}{2} = \frac{530 \cdot 6^2}{2 \cdot 9,81} = 954 \text{ mkg.}$$

Bei der 2. Lösung ergibt sich für das zurücklaufende Rohr eine lebendige Kraft von

$$\frac{M (- V + V_1)^2}{2} = \frac{(-3)^2 \cdot 530}{2 \cdot 9,81} = 238,5 \text{ mkg,}$$

also nur der vierte Teil gegenüber dem gewöhnlichen Rohrrücklaufgeschütz.

Um nun dem vorlaufenden Rohre für den nächsten Schuß wieder die Vorlauf-
geschwindigkeit von 3 m beim Schuß zu erteilen, muß man die 238,5 mkg wieder
aufwenden. Dadurch kommt man zu dem interessanten Resultat, daß bei der günstigsten Leistung des Rohrvorlaufgeschützes keine lebendige Kraft, sei es durch
eine hydraulische Bremse, sei es durch eine andere Einrichtung, vernichtet werden

darf, sondern daß die beim Schusse im Rohre sich aufspeichernde lebendige Kraft vollständig durch einen Akkumulator aufgenommen werden muß, die er dem vorlaufenden Rohre wieder abgibt. Beim Rohrvorlaufgeschütz mit Maximalleistung vernichtet also der Rückstoß sich selbst.

Was die Denkschrift im allgemeinen anlangt, so möchte ich bemerken, daß sie natürlich noch nicht eine kriegsbrauchbare Waffe beschreiben konnte, denn ich selbst hatte mich vorher noch nicht mit Geschützbau beschäftigt, war vielmehr ein Laie darin, und es fehlte mir jede praktische Erfahrung für die Konstruktion von Geschützen. Auch weiteren Schießversuchen hatte ich noch nicht beigewohnt. Es ist diese Denkschrift außerdem das erste Werk dieser Art, da zur Zeit der Abfassung derselben in der Literatur nichts Ähnliches existierte; selbst über hydraulische Bremsen insbesondere deren Berechnung war mir nichts Näheres bekannt. Mit der Aufhebung des Rücklaufes für Feldgeschütze hat man sich meines Wissens in der Literatur zu dieser Zeit überhaupt noch nicht beschäftigt. Selbst in den späteren Jahren hat man noch die Möglichkeit eines solchen Feldgeschützes bestritten. Nur vereinzelt beschränkte sich die Waffentechnik darauf, Lafetten mit kurzem Rohrrücklauf herzustellen, um beim Schießen den Initialstoß auf die Lafette zu mildern. Dadurch erhielt man aber nur eine kompliziertere Lafette gegen die bisherige einfache starre Lafette, ohne eine Gewichtsverminderung und ohne eine Verkürzung des Lafettenrücklaufes zu erzielen. Sie waren in der Tat nichts weiter als Eintagsfliegen. Der bekannte deutsche Militärschriftsteller, General R. Wille, schreibt in seinem Buche: »Das Feldgeschütz der Zukunft« vom Jahre 1891 (S. 173) noch, auf gewachsenem Boden sei es für Feldlafetten durchaus unmöglich, den Rücklauf vollständig aufzuheben, selbst wenn das Geschoß auch nur 2, nur 1 kg oder noch weniger wiege und wenn auch die Mündungsgeschwindigkeit 500 m nicht überschritte. Er stellt daher an anderer Stelle des Buches (S. 175) unter anderem die Bedingung für ein künftiges Feldgeschütz auf, daß der Rücklauf beim Schuß unter gewöhnlichen Bodenverhältnissen so klein ausfallen solle, daß das Vorbringen des Geschützes immer erst nach mehreren Schüssen nötig werde und daß bei ziemlich steil nach rückwärts abfallendem Gelände der Rücklauf einen Meter nicht überschreiten solle.

Das System des langen Rohrrücklaufes hat diese Bedingungen weit überholt und das scheinbar Unrealisierbare in die Wirklichkeit versetzt.

Der Besonderheit wegen mag an dieser Stelle nicht unerwähnt bleiben, was der Oberstleutnant I. Castner in der Kriegstechnischen Zeitschrift vom Jahre 1903 nachträglich glaubt verkünden zu können: Es sei nämlich den Artillerie-Konstrukteuren bei der Herstellung von Schnellfeuergeschützen bereits bekannt gewesen, daß die Feldgeschütze bei der Möglichkeit eines langen Rohrrücklaufes stehenbleiben müßten

— nach rechnerisch längst bekannten mechanischen Gesetzen. Leider ist er aber bis heute den literarischen Nachweis für seine Behauptung schuldig geblieben. Wenn er seine Weisheit rechtzeitig an den Mann gebracht hätte, hätte er damit der Artillerie einen unschätzbaren Dienst erwiesen und mir selbst viel und lange Arbeit erspart. — Die alte Geschichte vom Ei des Kolumbus.

Wenn Wille im Vorwort seines Buches sagt: »Im großen und ganzen ist im Waffenwesen die Konstruktion immer vorausgegangen und die Rechnung nachgefolgt, um die von der Praxis gewonnenen Ergebnisse durch die Theorie zu bestätigen und zu begründen . . .«, so habe ich bei der mir gestellten Aufgabe »ein Feldgeschütz ohne Rücklauf zu bauen«, den umgekehrten Weg eingeschlagen, also zuerst die Theorie und dann die praktische Ausführung. Sagte mir doch etwa 20 Jahre nach Einreichung meiner Denkschrift an die Preußische Artillerie-Prüfungskommission ein Offizier dieser Kommission noch, daß in jener schon alles erwähnt gewesen sei, was sich bei den späteren Versuchen gezeigt habe, und daß jene Schrift schon die Theorie des Rohrrücklaufgeschützes gebildet habe.

Nach einiger Zeit, es war anfangs 1889, gab mir der Direktor Groß der Kruppwerke die Denkschrift mit Zeichnung zurück und erklärte mir, daß eine derartige Lafette für den Feldgebrauch nicht geeignet sei. Er wendete vor allem ein, daß der Pulverrauch alles verschlämmen würde und vertrat auch die Ansicht, daß das Rohr für sich bucken können müßte. Vielleicht mag er auch von anderer Seite beeinflußt worden sein, daß er sich so ablehnend verhielt, denn er war sonst ein sehr ehrlicher Charakter und von vornehmer Gesinnung. Der Abteilungsvorstand des Lafettenbaues, der natürlich auch von meiner Erfindung Kenntnis erhielt, äußerte sich sehr skeptisch, indem er zum Ausdruck brachte, daß der junge Mann hier lehren wolle, wie man Kanonen baut und daß er, wenn er nur ein wenig rechnen könnte, einsehen müßte, daß man eine solche Lafette nicht bauen könne.

Im Sommer desselben Jahres, als ich eine Übung als Reserve-Offizier beim 14. Infanterie-Regiment in Nürnberg machte, meldete ich mich persönlich auf Grund einer Anzeige bei der Geschützgießerei in Ingolstadt für die zu besetzende Stelle eines Betriebsführers. Mit Ende September trat ich bei der Firma Krupp dann aus und anfangs Oktober 1889 meine neue Stelle als Betriebsführer der Geschütz- und Geschoßbearbeitungswerkstätten an. In meiner freien Zeit beschäftigte ich mich weiter mit meinem Lafettensystem und meldete meine Erfindung mit Genehmigung des bayerischen Kriegsministeriums in Deutschland zum Patente an. Sie wurde mir mit Patent Nr. 61 224 vom 29. April 1891 geschützt. Ich muß hierbei bemerken, daß die Abfassung des Patentanspruches eine sehr wertlose war, denn der Anspruch schützte nicht das von mir erfundene System des langen Rohrrücklaufes, sondern nur die durch die Zeichnung veranschaulichte Spezialausführung. Ich selbst war dazumal in der Abfassung solcher Patentansprüche noch unerfahren. Nur am Eingange der Patentbeschreibung war zum Ausdruck gebracht, daß die Konstruktion eine Feldlafette ohne Rücklauf sein solle. Unter allen Umständen wäre ein Patentanspruch mit etwa folgender Fassung durchgegangen:

> »Räderlafette ohne Rücklauf, dadurch gekennzeichnet, daß ein so langer Rohrrücklauf unter gleichzeitiger Anbringung eines Sporns am Lafettenschwanz zur Anwendung gelangt, daß die Lafette weder buckt noch zurückgleitet.«

Der damit erreichte Vorteil, ein Schnellfeuer ohne Übermüdung der Mannschaft, ist doch derart, daß die Lafette die bisherigen Lafetten weit in den Hintergrund gestellt hat. Daß der lange Rohrrücklauf ein bedeutender Fortschritt gegenüber dem kurzen Rohrrücklauf war, geht doch auch daraus hervor, daß das deutsche Patentamt der Firma Krupp noch anfangs des 20. Jahrhunderts für die Anwendung der Rechteckfeder für Geschütze mit langem Rohrrücklauf ein Patent erteilte, trotzdem Rechtecksfedern für kurzen Rohrrücklauf längst vorher angewendet worden waren. Auch das Reichsgericht hat in dem Prozesse des Ehrhardtkonzerns gegen Krupp das Kruppsche Patent als gültig erklärt.

Da von artilleristischer Seite durchwegs bezweifelt wurde, daß ein Feldgeschütz ohne Rücklauf möglich sei, erschien es mir notwendig, ein Modell eines solchen Geschützes wenigstens im verkleinerten Maßstabe herzustellen. Weil meine pekuniäre Lage aber mir solches nicht erlaubte, setzte ich mich mit dem Kaufmann A. Klumpp in München in Verbindung, der sich mit der Verwertung von Erfindungen beschäftigte. Wir kamen überein, ein solches Modell zu bauen, und zwar mit einem Kaliber von ca. 17 mm. Klumpp übernahm die Kosten für dieses Modell, und es wurde in einer Münchener Werkstätte hergestellt. Unterdessen sandten wir an die Preußische Artillerie-Prüfungskommission in Berlin eine von mir gefertigte Denkschrift über die Lafette ein. Im Frühjahr 1891 antwortete sie, daß sie Interesse für die Sache habe. Die Auslegung der deutschen Patentanmeldung wurde auf Ersuchen der Prüfungskommission hinausgeschoben und auch die bereits in Frankreich eingereichte Patentanmeldung zurückgezogen. Auch wünschte sie die Vorführung des Modells. Dieses wurde gegen Ende Juli 1891 fertig, so daß wir am 29. Juli zum ersten Male in einer Lehmgrube in der Nähe Münchens schießen konnten. Zu unserer Freude funktionierte das Modell gut und ergab ein vollständig ruhig stehendes Geschütz. Bei Feststellung des Rohres auf der Oberlafette machte das Modell als starre Lafette auf einer Holzbohle einen Rücklauf von mehr als einem Meter. Als ich von der Geschützgießerei Ingolstadt auf Veranlassung der Artillerie-Prüfungskommission für einige Tage Urlaub erhielt, fuhren wir im Herbste 1891 nach Berlin und meldeten uns bei der Feldartillerie-Abteilung der Prüfungskommission. In Anwesenheit des Referenten, des Majors H a m m, führten wir das Modell im Schusse im Hofe der Artillerie-Werkstätten in Spandau vor. Ich muß bemerken, daß der Referent, Major Hamm, der Sache unparteiisch und wohlwollend gegenüberstand und ein großes Interesse dafür zeigte. Nach dem Versuche mußte man wohl zugeben, daß bei dem kleinen Modell das Springen und der Rücklauf aufgehoben waren, aber man zweifelte noch, ob dies auch für ein normales Feldgeschütz möglich sei. Am darauffolgenden Sitzungstage der Prüfungskommission forderte mich der damalige Präsident derselben, Oberst R e u s c h e r, auf, einen Vortrag über meine Erfindung vor der Kommission zu halten. Der Präsident erklärte am Schlusse derselben, daß man hier einer neuen Sache gegenüberstehe, der man nähertreten müsse, und beauftragte einen Offizier, uns am Nachmittag ins Kriegsministerium zu begleiten. Wir wurden von dem Departements-Chef, General M ü l l e r, empfangen. Auch General S c h ü l e r, mein seinerzeitiger Direktor an dem Konstruktionsbureau in Spandau, war anwesend, der die etwas wunderliche Bemerkung machte, daß ich die Erfindung dieser Lafette den dortigen Werkstätten entnommen hätte, worauf ich allerdings nur erwidern konnte, daß ich mir nicht bewußt sei, etwas derartiges dort gesehen zu haben. Weiter ging sein Urteil dahin, daß die Sache wertlos sei und höchstens in Festungen Anwendung finden könne. Noch drastischer aber war seine Bemerkung, als ich mit ihm einen Augenblick allein war, daß ich des Geldgewinnes halber meine Erfindung zur Verwertung an Klumpp abgetreten hätte. General Müller bedauerte mir persönlich gegenüber auch, daß ich die Erfindung abgetreten hätte, ließ aber durchblicken, daß das Kriegsministerium der Sache nähertreten werde. Das Artillerie-Konstruktions-Bureau wollte jedoch von einer Durcharbeitung des Systems nichts wissen — wahrscheinlich war der Grund der Ablehnung in den zu lösenden schwierigen Detailfragen zu suchen—, wie ich aus den Äußerungen des damaligen Chef-Konstrukteurs P a g e l im Gespräche mit Major Hamm bei Vorführung des Modelles entnehmen konnte. Man fürchtete sich vor dieser Arbeit. Es konnte also für die eventuelle Ausführung eines solchen Geschützes nur das Grusonwerk in Buckau-Magdeburg in Betracht gezogen werden. Wir fuhren deshalb von Berlin direkt nach Magdeburg und führten dem Werke das Modell vor. Das Resultat der Unterhandlung mit dem Grusonwerk war, daß ein Lizenzvertrag abgeschlossen wurde mit einer in Aussicht gestellten Anzahlung in Höhe von 18000 Mark, falls das Preußische Kriegsministerium eine Lafette in Bestellung geben würde. Ich reiste dann wieder nach Ingolstadt zurück.

Das Preußische Kriegsministerium stellte dann unterm 1. Dezember 1891 die Bedingungen für die Ausführung eines Geschützes, welche folgendermaßen lauteten:

»Bedingungen, welchen die nach dem Projekt des Ingenieurs Haußner durch das Grusonwerk zu bauende Lafette zu genügen hat:

1. Als maßgebend für die Beanspruchung der Lafette beim Schuß sind anzusehen:

Gewicht des Rohres mit Verschluß . . . 425 kg
Geschoßgewicht . . . . 7,5 kg
Anfangsgeschwindigkeit des Geschosses . 570 m.

2. Es ist vorläufig die Verwendung des Feldrohres C/73/88 zu berücksichtigen.
Feuerhöhe des Geschützes zwischen 108 und 115 cm.
Elevationsfähigkeit des Rohres $+20°$
$\qquad\qquad\qquad\qquad\qquad\quad -10°$.

Die Lafette muß mit Achssitzen zum Transport von 2 Mann, mit Futteralen für 2 Kartätschen, sowie mit einem kleinen Kasten usw. zur Unterbringung des Laders bzw. einiger Werkzeuge, Hammer, Zange usw. ausgerüstet sein.

Die zum Feststellen der Räder beim Schießen dienende Bremse muß zugleich als Fahrbremse anwendbar sein. Beim Vorbringen des abgeprotzten Geschützes muß sich diese Bremse selbsttätig lösen.

3. Die Bremsvorrichtungen der Lafette müssen bei gleichzeitiger Feststellung der Räder durch die zugehörige Bremse eine so ausgiebige Wirkung erzielen, daß bei Aufstellung des Geschützes auf Boden von mittlerer Festigkeit ohne weiteres, auf hartem Boden nach entsprechender Lockerung der Erde unter dem Lafettenschwanz und den Rädern, der Rücklauf des Geschützes womöglich vollständig aufgehoben, wenigstens aber derart eingeschränkt wird, daß die Gesamtrückwärtsbewegung des Geschützes nach je 20 Schuß sich in den Grenzen des bei Anwendung der gewöhnlichen Schießbremse mit jedem Schuß eintretenden Rücklaufes hält.

4. Um die durch Aufhebung des Rücklaufes erreichbaren Vorteile für die Erhöhung der Feuergeschwindigkeit voll ausnützen zu können, ist es erforderlich, daß

a) die Höhenrichtung des Rohres durch den Schuß keine zu großen Veränderungen erleidet,

b) die durch den Schuß eingetretene Veränderung der Seitenrichtung des Rohres rasch wieder ausgeglichen werden kann, ohne daß es hierzu des Einrichtens des ganzen Geschützes vom Lafettenschwanz aus (mittels des Richtbaumes) bedarf. Auch muß die Richtmaschine eine angemessene Lagerung des Rohres bei ab- und aufgeprotztem Geschütz gestatten und muß die Höhenrichtung selbst bei starken Veränderungen derselben — Übergang zum Kartätschenfeuer usw. — schnell und sicher genommen werden können.

5. Die Gesamteinrichtung der Lafette darf nicht eine derart künstliche werden, daß dadurch die Möglichkeit einer dauernd guten Instandhaltung durch das jetzt zur Verfügung stehende Personal an Waffenmeistern und Schlossern, mit den bei einer Batterie mitzuführenden Werkzeugen usw. und unter den schwierigen Verhältnissen im Kriege in Frage gestellt wird.

6. Die Lafette muß hinsichtlich ihres eigenen Aufbaues, wie namentlich auch in Verbindung mit dem Rohre, bei ausgedehnten Schießversuchen unter der aus 1. sich ergebenden Beanspruchung und bei Aufstellung des Geschützes auf sehr hartem Boden (Beton), sowie auch in einem umfangreichen Fahrgebrauch in ihren Hauptteilen eine zuverlässige Haltbarkeit gewähren.

7. Das Gesamtgewicht der leeren Lafette darf 550 kg nicht wesentlich überschreiten.
Berlin, den 1. Dezember 1891.«

Wie aus den Bedingungen zu ersehen ist, waren die ballistischen Anforderungen, 7,5 kg schwere Geschosse mit 570 m Anfangsgeschwindigkeit zu verfeuern, bedeutend höher als bei den damals eingeführten Feldgeschützen, und auch die vor und anfangs des Weltkrieges in Gebrauch gewesenen Feldgeschütze kamen diesen Bedingungen trotz des bedeutend besseren Konstruktionsmaterials nicht nach. Die von der Firma Krupp und den Ehrhardt-Werken nach 1912 hergestellten 75-mm-Geschütze hatten ein Gewicht des Geschosses von 6,5 kg, das mit einer Anfangsgeschwindigkeit von 510 bzw. 525 m verfeuert wurde. Hierbei betrug das Geschützgewicht 960—980 kg einschließlich des Schutzschildes. Das deutsche Feldgeschütz — Feldkanone 96 n. A. —, das gegen das Jahr 1906 zur Einführung gelangte, mit einem Kaliber von 77 mm, einem Geschoßgewicht von 6,85 kg und 465 m Geschoßanfangsgeschwindigkeit, hatte in der Feuerstellung gegen 990 kg und das französische Feldgeschütz mit 7,2 kg Geschoßgewicht und 529 m Geschoßanfangsgeschwindigkeit, hatte 1140 kg Gewicht in der Feuerstellung.

Unterm 16. Dezember 1891 schrieb mir das Grusonwerk:

Magdeburg, den 16. Dezember 1891.

Herrn Ingenieur Konrad Haußner,

Ingolstadt.

Anfang dieses Monats ist uns seitens des Königl. Preuß. Kriegsministeriums der Auftrag auf die Herstellung einer Feldlafette Ihrer Erfindung zugegangen.

Nach den Gesprächen, welche wir und namentlich Herr Hauptmann Dreger s. Zt. mit Ihnen hatten, setzen wir voraus, daß Sie das gleiche Interesse an der sachgemäßen Durchkonstruktion und Durchführung dieses Objektes haben, welches wir der ganzen Angelegenheit entgegenbringen.

Wir richten deshalb an Sie die Anfrage, ob Sie in der Lage und geneigt sind, diese Durchkonstruktion auf unserem Bureau selbst vorzunehmen bzw. ob Sie für dieselbe in ein Engagementsverhältnis mit uns zu treten gewillt sind. Wir bitten Sie, dieses gefälligst in Erwägung nehmen zu wollen und uns eventuell mitzuteilen, zu welchem Zeitpunkte Sie frühestens bei uns eintreten können, ferner, welche Gehaltsansprüche Sie machen.

3. Kapitel.

Rohrrücklaufgeschütz »Gruson-Haußner«.

Da es mir nicht möglich war, so schnell aus dem Staatsdienste zu treten, suchte ich bei meiner vorgesetzten Behörde um einen zirka 5 wöchigen Urlaub nach und konnte anfangs Januar 1892 im Grusonwerk mit dem Entwurf meiner Erfindung beginnen.

Von der Verwendung des Feldrohres C 73/88 wurde zunächst abgesehen, da die von dem preußischen Kriegsministerium gestellten Bedingungen derart hoch waren, daß eine solche Leistung aus fraglichem Rohre zu erzielen, ausgeschlossen war. Das neue 8-cm-Rohr selbst sollte den Grusonschen Fallblockverschluß bekommen.

Bereits bei meinem ersten Projekt, wie solches aus umstehender Abbildung zu ersehen ist, wich ich von der patentamtlichen Zeichnung ab. Die am Rohr vorgesehenen Gleitschienen *a* behielt ich bei, dagegen sollte der Luftzylinder *L* den Hauptteil der Oberlafette bilden. An demselben waren zwei Bügel *c* und *d* befestigt. Der vordere Bügel *c* war derart mit der Lafettenachse *e* verbunden, daß er beim Geben der Höhenrichtung um die Achse schwenken konnte und gleichzeitig beim Geben der Seitenrichtung eine seitliche Schwenkung zuließ. Der hintere Bügel *d* diente gleichzeitig zur Aufnahme der Höhenrichtmaschinenschraube *f*. Die Gleitschienen des Rohres führten sich in entsprechenden Nuten des Bügels *c*. Am hinteren Bügel waren unterhalb der Gleitschienen Rollen *g* angebracht, während sich oberhalb der Gleitschienen am Bügel Leisten *h* befanden.

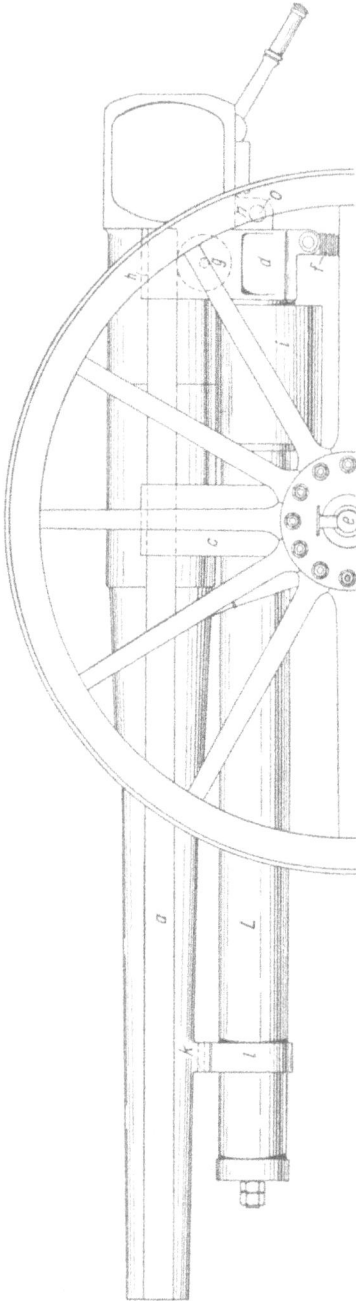

Um den Bremszylinder nicht zu groß im Durchmesser zu bekommen, sollte auf der hinteren Seite des Luftzylinderkolbens die Luft während des Rücklaufes komprimiert werden, um den durch die Luftleere erzeugten Druck auf den Kolben noch zu erhöhen. Damit die Kompression nicht zu hoch würde bei einem nicht viel längeren Luftzylinder als der Rücklaufweg war, wurde ein Luftkessel *i* um den hinteren Teil des Luftzylinders befestigt. Eine kleine Öffnung in der Luftzylinderwandung stellte die Verbindung mit dem Luftkessel her. Da der Luftzylinder infolge seiner vorderen freien Länge sowohl beim Fahren als beim Schießen vibriert hätte, trug das Rohr eine Tatze *k*, in welcher ein prismenförmiger Schlitten des am Luftzylinder befestigten Ringes *l* seine Lagerung fand. Der Bremszylinder mit dem Luftzylinderkolben war mit dem Rohransatze *n* durch den Bolzen *o* verbunden. Von den Rollen in der Patentzeichnung bin ich deshalb abgegangen, weil ich befürchtete, daß die geringen Berührungs-

flächen zwischen den kleinen Rollendurchmessern und der Gleitschiene sich beim Fahren aushämmern würden und daher für eine
Entlastung der Rollen in der Ruhestellung des Rohres gesorgt
werden müßte. Nur am hinteren Bügel sah ich für die untere Fläche
der Gleitschienen Rollen mit verhältnismäßig großem Durchmesser
vor, da hier beim nach rückwärts auslaufenden Rohre doch bedeutende
Drucke auftreten mußten, und so die gleitende Reibung beträchtlich
geworden wäre.

Um beim Schuß ein Abheben der Lafettenräder vom Boden bei
nicht allzu langer Unterlafette zu umgehen, kam ich noch am Tage vor
meiner Rückreise nach Ingolstadt auf den Gedanken, die Unterlafette
für das Schießen bei geringer Elevation vorübergehend zu verlängern
und fertigte deshalb noch die hier angegebene Skizze an.

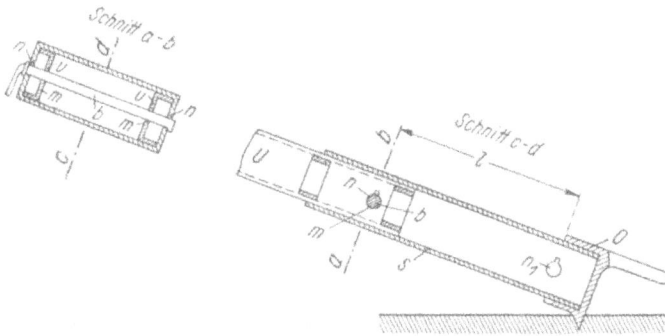

Die Unterlafette U, bestehend aus zwei U-förmigen Lafettenwänden
u, trägt an ihrem hinteren Ende einen die Lafettenwände umschließen-
den Schuh s mit der daran befindlichen Lafettenöse o. Während die
Lafettenwände nur die Bolzenlöcher m besitzen, hat der Schuh die
Bolzenlöcher n und n_1. Die Zeichnung stellt die verlängerte Unterlafette dar. Soll dieselbe für das Fahren um die Länge l verkürzt werden, so wird der Schlüsselbolzen b entfernt und die ganze Lafette so
weit nach rückwärts geschoben, bis die Bolzenlöcher in der Unterlafette mit den Bolzenlöchern n_1 des Lafettenschuhs korrespondieren
und alsdann wird der Bolzen b behufs fester Verbindung eingeschoben.
Anstatt die ganze Lafette zurückzuschieben, kann man auch den Lafettenschuh vorwärts schieben. Für das Verlängern der Unterlafette hat
man umgekehrt zu verfahren.

Gegen diesen ersten Entwurf der Lafette stiegen mir bei längerem
Nachdenken doch auch Bedenken auf, und als ich im Juli 1892 in die
Dienste des Grusonwerkes trat, ließ ich das Projekt wieder fallen. Vor
allem hatte ich Bedenken, daß die Gleitschiene a des Rohres den feind-
lichen Infanteriegeschossen und Granatsplittern ausgesetzt waren.
Ebenso könnte der freiliegende Luftzylinder durch dieselben eingebeult

werden. Weiter befürchtete ich, daß das zurücklaufende Rohr mit Zunahme des Rücklaufweges, wobei es weit über die hintere Unterstützung hinausragte, starke Vibrationen der ganzen Lafette hervorrufen könnte, wodurch natürlich momentan zwischen den aufeinander gleitenden Flächen große Drucke und damit große Reibungswiderstände aufgetreten wären, die insbesondere den Vorlauf des Rohres in Frage stellen konnten.

Auf Grund dieser Bedenken machte ich dann einen neuen Entwurf, welcher zur Durchkonstruktion einer 8-cm- und einer 6,5-cm-Kanone führte, auf welche ich in folgendem näher eingehen will. Beide

Ausführungen sind durch die hier gegebenen photographischen Bilder dargestellt. Während das obere Bild das 8-cm-Geschütz in der Schußstellung gibt, zeigt das untere Bild das 6,5-cm-Geschütz nach vollendetem Rücklaufe des Rohres.

	6,5-cm-Geschütz		8,0-cm-Geschütz	
Geschoßgewicht	4,5	kg	7,5	kg
Anfangsgeschwindigkeit des Geschosses	560	m	523	m
Rohrgewicht	315	kg	430	kg
Lafettengewicht	560	kg	670	kg
Größte Elevation	16°		17½°	
Größte Depression	—8°		—8½°	
Rohrrücklauf	1,20 m		1,55 m	
Entfernung vom Lafettensporn bis Radmitte	1,85 m		2,21 m	
Feuerhöhe	1020	mm	1080	mm
Seitenrichtung	—		±4°	
Höhe des Sporns	125	mm	100	mm
Breite des Sporns	300	mm	350	mm

Da das 6,5-cm-Geschütz in gleicher Ausführung wie das 8-cm-Geschütz durchgebildet wurde und jenes sich von diesem nur dadurch konstruktiv unterscheidet, daß es keine Seitenrichtvorrichtung besaß, und da außerdem die 6,5-cm-Kanone eine bedeutend geringere ballistische Leistung hatte, so wird im nachfolgenden nur das 8-cm-Geschütz beschrieben.

Was zunächst die Brems- und Vorholvorrichtung anlangt, so nahm ich den Durchmesser des Luftzylinders bedeutend kleiner als er nach der Denkschrift hätte genommen werden müssen, wonach das Rohr selbst bei großer Elevation allein durch den atmosphärischen Luftdruck nach vollzogenem Rücklaufe wieder vorgebracht werden sollte. Der Nachteil der Verringerung des Durchmessers sollte durch Kompression der Luft auf der hinteren ringförmigen Luftkolbenfläche ausgeglichen werden. Ich nahm deshalb den Durchmesser des Luftzylinders nur zu 125 mm an, und es blieb für die hintere Kompressionsfläche die Differenz aus dem lichten Luftzylinder- und dem äußeren Bremszylinderquerschnitt. Der auf die Kolbenfläche des Luftzylinders wirkende Atmosphärendruck hätte nun nicht mehr genügt, um das Rohr bei größerer Elevation mit unveränderlich gleicher Kraft in die Schußstellung zu bringen; deswegen mußte durch die komprimierte Luft eine gewisse Energie in die vorlaufende Masse gelegt werden. Damit war aber der schwerwiegende Nachteil verbunden, daß bei geringer Elevation das Rohr zu rasch in die Schußstellung vorlief und so die Lafette aus der Richtung bringen konnte.

Der Oberst Deport hat diesen Nachteil bei der französischen 7,5-cm-Lafette 97 dadurch umgangen, daß er sehr große Anfangskompression vorsah und durch die Einrichtung der hydraulischen Bremse eine zu schnelle Rohrbewegung beim Vorlaufe des Rohres verhindern konnte, so daß das Rohr ohne Stoß in seiner Anfangsstellung ankam. Die französische Ausführung verlangt aber jedenfalls tadellose Werkstattarbeit, damit auch beim Nichtgebrauch die hohe Vorspannung der Luft erhalten bleibt. Diesem Nachteil wollte ich eben aus dem Wege gehen, indem ich bei meiner Konstruktion verlangte, daß die Dichtung nur während des Schußvorganges, also für eine verschwindend kurze Zeit gefordert wird. Auch von der in der Denkschrift erörterten gleichbleibenden Bremskraft beim Rücklauf des Rohres ging ich ab. Das kleine Modell zeigte bereits, daß es nicht zu umgehen ist, am Lafettenschwanz eine Art Messer oder Sporn anzubringen, um den Widerstand gegen Bewegung der Lafette zu erhöhen. Dadurch wird zugleich für den Rücklauf des Rohres die Radbremse vollständig überflüssig, da bei richtiger Bremskraftbemessung das Gewicht des Geschützes sich ganz oder nahezu ganz auf den Lafettenschwanz legen muß. Da sich weiter beim Rücklauf des Rohres der Schwerpunkt des ganzen Geschützes nach rückwärts verschiebt, so muß die Bremskraft entsprechend dieser Schwerpunktsverschiebung verringert werden, damit die Lafettenräder sich nicht vom Boden abheben. Bezeichnet W den jeweiligen im Schwerpunkte der zurücklaufenden Masse angreifenden Bremswiderstand, h die senkrechte Entfernung des Bremswiderstandes vom Lafetten-

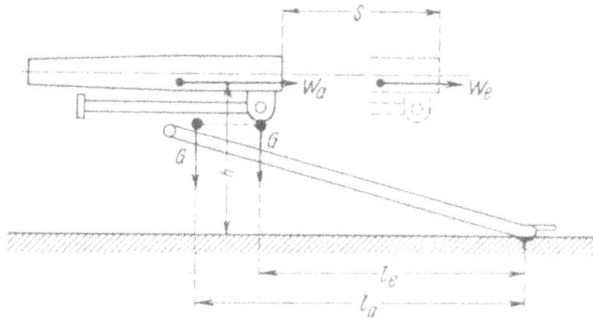

schwanz, so gilt $w \cdot h = G \cdot l$, wobei G das Gesamtgewicht des Geschützes und l die horizontale Entfernung des Schwerpunktes des Gesamtgewichtes des Geschützes vom Lafettenschwanz bedeutet. Ist l_a die horizontale Entfernung des Geschützschwerpunktes vom Lafettenschwanz in der Schußstellung und l_e die horizontale Entfernung des Geschützschwerpunktes vom Lafettenschwanz nach vollzogenem Rohrrücklaufe, so bestehen für die Bestimmung der zulässigen Bremskraft W_a in der Schußstellung und der Bremskraft W_e nach vollendetem Rücklaufe die zwei Gleichungen

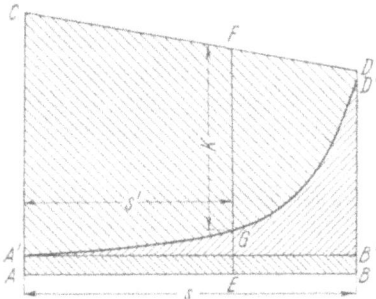

$$W_a = \frac{G}{h} l_a \text{ und } W_e = \frac{G}{h} l_e.$$

Bezeichnet in dem nebenstehenden Diagramm $A B = s$ die Rücklaufstrecke des Rohres, $A C = W_a$ die Bremskraft bei Beginn des Rohrrücklaufes, $B D = W_e$

die Bremskraft am Ende des Rohrrücklaufes, so stellt die Fläche
$A\,B\,C\,D$ die von der zurücklaufenden Masse — von Rohr und Bremszylinder mit Luftzylinderkolben — beim Schusse aufgenommene
lebendige Kraft oder Arbeit dar. Trägt man in A den auf den Luft-
kolben einseitig nach vorne wirkenden atmosphärischen Druck $A\,A'$
auf, so stellt das Flächendiagramm $A\,A'\,B\,B'$ die während des Rücklaufes durch die Bildung der Luftleere vor dem Luftzylinderkolben vom
Luftzylinder aufgenommene Arbeit dar. Die Fläche $A'\,B'\,D'$ stellt die
Arbeit dar, die ebenfalls der Luftzylinder beim Rohrrücklauf infolge
der Kompression der Luft aufnimmt, die sich zwischen der inneren
Wandung des Luftzylinders und der äußeren Wandung des Bremszylinders befindet. Der Kompressionsdruck $B'\,D'$ am Ende des Rück-
laufes darf den zulässigen Bremsdruck $B\,D$ weniger dem Atmosphären-
druck $B\,B'$ nicht überschreiten, da die Lafette sonst springen würde.
Um dieses zu verhindern, muß der Hohlraum des Luftzylinders entsprechend länger als die Länge des Rohrrücklaufes gemacht werden.
Die noch übrige Fläche $A'\,C\,D'\,D$ stellt das Arbeitsdiagramm des
Bremszylinders dar. Damit der Bremskolben nach Zurücklegung des
Weges s' die verbleibende Kraft K auf demselben erzeugt, muß der
Querschnitt der Bremszylinderzüge entsprechend groß sein. Zur Auf-
findung des Querschnittes f dient die bereits auf S. 19 angeführte Glei-
chung:

$$K\,dx = \frac{F\,dx\,\gamma}{2\,g}\left(v_x\,\frac{F}{c\,f}\right)^2,$$

wobei F den Querschnitt des Bremskolbens, γ das spezifische Gewicht
des Glyzerins, g die Erdbeschleunigung, v_x die Geschwindigkeit des
Kolbens relativ zum Bremszylinder in der Entfernung s' von seiner Anfangsstellung, f den Querschnitt der Bremszylinderzüge und c den Kontraktionskoeffizienten bei der Durchströmung durch die Zugquerschnitte
und $d\,x$ das vom Kolben durchlaufene Wegelement bedeutet. Da $d\,x$
sich aufhebt, so lautet die Gleichung:

$$K = \frac{F\,\gamma}{2\,g}\left(v_x\,\frac{F}{c\,f}\right)^2 = \frac{F^3\,\gamma}{2\,g\,(cf)^2}\,v_x^2$$

folglich

$$c\,f = \sqrt{\frac{F^3\,\gamma}{2\,g\,K}}\,v_x.$$

Der Sicherheit halber nimmt man den Kontraktionskoeffizienten für
ein Versuchsgeschütz ziemlich groß, also nicht viel weniger als 1, um,
wenn nötig, die Querschnitte noch vergrößern zu können. In der Gleichung für $c\,f$ ist nur v_x noch zu bestimmen. Diese ist aber leicht fest-
zustellen, denn die Fläche $E\,F\,B\,D$ stellt die Energie oder Arbeit dar,
die noch in der zurücklaufenden Masse M enthalten ist, wenn das Rohr

den Weg s' zurückgelegt hat. Es gilt daher $\dfrac{M\,v_x^2}{2} = $ der im Flächendiagramm dargestellten Arbeit.

Die Einrichtung der Brems- und Vorholvorrichtung sowie die Lagerung des Bremszylinders zwischen den Oberlafettenwänden und die Führung des Rohres mittels an demselben angebrachter Klauen auf den Leisten der Oberlafettenwände zeigen Abb. 1—3.

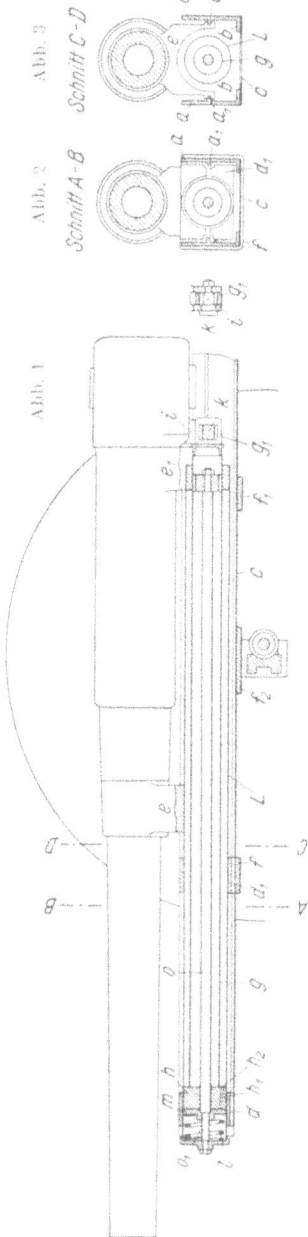

Der Luftzylinder L findet seine Lagerung in dem vorderen Querstück d und dem hinteren Querstück d_1, die gleichzeitig zur Verbindung der beiden Oberlafettenwände a, a dienen. An diesen befinden sich die Führungsleisten a_1, a_1, auf welchen die Rohrklauen e, e_1 geführt werden. Wie aus den Abb. 1—3 und den Photographien S. 38 zu ersehen, ist sowohl der Luftzylinder seitlich durch die Oberlafettenwände wie nach oben zum größten Teil durch das Rohr geschützt. Die Führungsleisten sind ebenfalls gegen Infanteriegeschosse und Granatsplitter teilweise gesichert. Auch der beim Rücklauf aus dem Luftzylinder heraustretende Bremszylinder findet durch das Rohr und die Oberlafettenwände reichlichen Schutz. Der Zusammenhalt der beiden Oberlafettenwände ist, wie die Photographien und Abb. 1, 2 und 3 ersehen lassen, im vorderen Teile durch die Querstücke d, d_1 und im hinteren Teile durch die angenieteten äußeren Bügel f, f_1, f_2... gesichert. Außerdem sind die Flanschen b, b der Oberlafettenwände auf die ganze Länge der Oberlafette mit einem Blechstreifen c zusammengenietet. Das Blech c ist, um Gewicht zu sparen, teilweise ausgeschnitten, wie Abb. 3 zu erkennen gibt.

Der Bremszylinder g trägt am vorderen Ende den Luftzylinderkolben h und sein hinteres Ende g_1 ist an dem gabelförmigen Rohransatz i, i, wie Abb. 1 und 4 zeigen, mittels des Bolzens k verbunden. Wie man sieht, ist der Bolzen k, soweit er den Bremszylinderkopf g_1 trägt, vierkantig gestaltet, während er in der Gabel i, i rund gehalten ist. Die Öffnung zur

Aufnahme des Bremszylinderkopfes ist dementsprechend mit rechteckigem Ausschnitte versehen.

Der Luftzylinderkolben h hat eine kleine Bohrung h_1, welche durch ein aus dünnem Federstahlblech gebildetes Klappventil h_2 überdeckt ist. Falls beim Rücklaufe etwas Luft von rückwärts nach vorwärts zwischen Kolben und Luftzylinderwandung einströmt, wird sie beim Vorlaufe des Kolbens wieder durch die Öffnung h_1 zurückgepreßt, indem die Ventilklappe h_2 sich öffnet. Dazu daß beim Vorlaufe des Rohres in die Schußstellung kein Stoß auftritt und vom Beginne der Rückwärtsbewegung an sofort Luftleere vor dem Kolben entsteht, dient die Feder l mit Federkolben m (Abb. 1). Beim Vorlaufe geht das Rohr infolge aufgespeicherter Energie über die Feuerstellung weiter vor und durch das Zusammendrücken der Feder l soll das Rohr allmählich zur Ruhe kommen. Nachdem das Rohr zum Stillstande gebracht ist, wird es durch den Federdruck in die Schußstellung zurückgeschoben, in welcher es durch eine Fangvorrichtung, wie auf S. 27 dargestellt, gehalten wird. Beim Rücklaufe des Rohres ist der Federkolben m an einer größeren Rückwärtsbewegung dadurch gehindert, daß die mit dem vorderen Luftzylinderdeckel verbundene Bremskolbenstange O an der Stelle, über welche der Federkolben sich führt, einen kleineren Durchmesser o_1 besitzt.

Um die von mir in übertriebenem Maße befürchteten Vibrationen beim Schusse bzw. beim Rohrrücklaufe zu umgehen, wurde, wie die photographischen Bilder zeigen, die Oberlafette nach rückwärts sehr lang gehalten und die aus einer gewöhnlichen Doppelschraube und Mutter bestehende Höhenrichtmaschine ganz am Ende der Unterlafette oberhalb des Sporns angebracht. Die innere Richtspindel war an der Unterlafette schwingbar, aber nicht drehbar befestigt, während die äußere Spindel in der zwischen den Oberlafettenwänden schwingbar gelagerten Spindelmutter aufgenommen wurde. Durch Drehen des an der äußeren Spindel befestigten Handrades wurde dem Rohre alsdann die gewünschte Elevation gegeben. Die Drehachse der Oberlafette selbst bildete die Radachse. Diese drehte sich lose in den Gabelarmen p, p der Unterlafette und in den Radbuchsen, wie aus der nachfolgenden Zeichnung entnommen werden kann. Die Visiereinrichtung war an der Oberlafette angebracht, wie das photographische Bild der 8-cm-Feldlafette zeigt. Da das Visierkorn an der rechten Oberlafettenwand oberhalb der Radachse saß und das Visier selbst am hinteren Ende der Oberlafette befestigt werden mußte, damit der Richtkanonier dasselbe nebst der Höhenrichtmaschine bedienen konnte, so ergab sich eine sehr große Visierlänge.

Weil die Achsschenkel der Lafettenachse für den Anlauf der Räder gegen die Mitte einen Sturz haben, so hat die Verdrehung der Achse beim Elevieren des Rohres den Nachteil, daß die Räder ihre Lage immer etwas ändern müssen. Doch ist dieser Umstand ohne merklichen Einfluß bei Elevationen, wie sie für Flachbahngeschütze nötig sind. Der Schwerpunkt der schwingenden Oberlafette mit Rohr hatte allerdings eine große Entfernung von der Radachse als Schwingungsachse und dadurch wurde der Druck auf die Höhenrichtmaschine fühlbar; doch ist dieser Nachteil für Flachbahngeschütze kein großer im Hinblick auf die Einfachheit der Konstruktion, da eine besondere Drehachse für die Oberlafette erspart wurde.

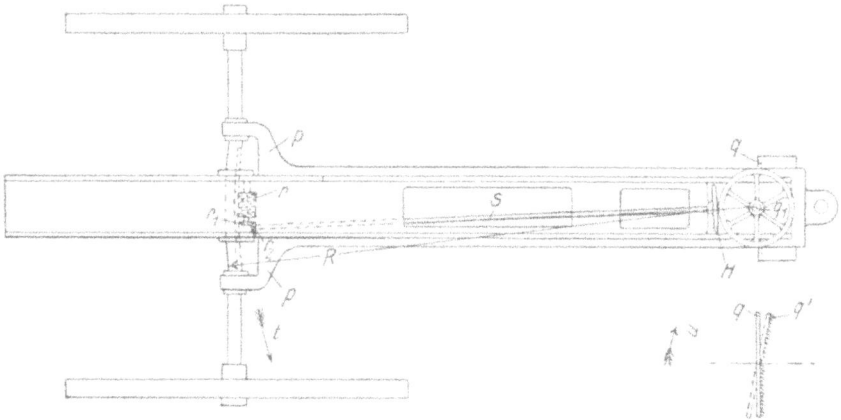

Die Seitenrichtvorrichtung der 8-cm-Feldlafette ist in ihren Hauptmerkmalen in der obigen Zeichnung dargestellt. Vom theoretischen Standpunkte aus soll beim Schuß die die Lafette zu verschieben suchende Kraft durch den gegen das Verschieben der Lafette vorgesehenen Sporn gehen, um ein Verdrehen der Lafette nach rechts oder links zu verhindern. Dies ermöglicht aber nur eine Seitenrichtmaschine, deren Pivot im Unterstützungspunkte, d. h. im Lafettensporn liegt. Es existiert für starre Lafetten die bereits durch Eichwede im Jahre 1879 durch das deutsche Patent Nr. 7771 geschützt gewesene Seitenrichtvorrichtung, wo diesem Gedanken Rechnung getragen worden ist. Der genannte Konstrukteur verschiebt aber die ganze Lafette samt Lafettenschwanz um diesen als Pivot. Als Gleitfläche für die Lafette benützt er der Einfachheit halber die nach einem Kreisbogen geformte Lafettenachse, wobei der Lafettenschwanz den Kreismittelpunkt bildet. Beim Geben der Seitenrichtung bleibt nur die Achse mit den Rädern unbeweglich. Hat nun der Lafettenschwanz sich im Boden eingesenkt, so ist eine derartige Seitenverschiebung, wenn das Erdreich unnachgiebig ist, unmöglich. Diesen Nachteil habe ich dadurch umgangen, daß ich bei der ausgeführten 8-cm-Lafette nicht allein die Achse samt den Rädern, sondern auch und das ist sehr wichtig, die Unterlafette mit Sporn in Ruhe lasse und nur die Oberlafette mit Rohr um den unbeweglich bleibenden Lafettensporn als Pivot drehe. Dadurch wird die Bodenbeschaffenheit ohne jeden Einfluß auf das Geben der Seitenrichtung. Als Auflage und Führung der Oberlafette beim seitlichen Schwenken derselben habe ich, wie Eichwede, die Rad- achse genommen. Wie die Zeichnung erkennen läßt, ist der Mittelpunkt des Krümmungskreises der Achse mit dem Radius R in der Mitte q_1 des Sporns q gelegen. Die Oberlafette trägt eine Schnecke r, die in die ent- sprechend gezahnte Achse eingreift. Die Schnecke erhält ihre Bewegung durch das Handrad H, das sich zwischen den Oberlafettenwänden be- findet und dessen Welle s am vorderen Ende ein Kegelrad r_2 trägt, das in das zugehörige auf der Schneckenradwelle r sitzende Kegelrad r_1 ein- greift. Durch Drehen des Handrades nach der einen oder anderen Rich- tung kann also die Oberlafette nach Bedarf nach rechts oder links ge- dreht werden.

Müßte man nach der Eichwedeschen Erfindung die Unterlafette mit dem Sporn nach rechts im Sinne des Pfeiles u schwenken, so würde er- zielt, daß der Sporn q die punktierte Lage q_1 einnimmt. Hat man nun nachgiebiges Erdreich — bei unnachgiebigem Boden wäre, wie bereits bemerkt, ein Schwenken überhaupt ausgeschlossen —, so ergibt sich, daß auf der rechten Spornhälfte die Erde hinter dem Sporn zusammengepreßt wird, während auf der linken Spornhälfte der Sporn seine Stütze nach rückwärts verliert. Beim nächsten Schuß wird also die Lafette sich noch mehr nach links in der Pfeilrichtung r zu verdrehen suchen, also ein Nachteil entstehen, der den heute eingeführten Rohrrücklaufgeschützen anhängt, bei denen das Pivot für die Seitenrichteinrichtung in der Nähe der Achse liegt.

Einen Nachteil des Schwenkens oder Verschiebens der Oberlafette mit Rohr auf der Achse bildet der Umstand, daß infolge des großen Weges, den die Oberlafette auf der Achse machen muß, um einige Grade nach rechts oder links abgeschwenkt zu werden, eine beträchtliche Reibungsarbeit geleistet werden muß. Dazu ist eine größere Zeit er- forderlich als bei den Lafetten, wo das Rohr mit Oberlafette um ein Pivot gedreht wird, das gleichzeitig mit dem Schwerpunkt von Rohr und Oberlafette zusammenfällt. Auch die Verbindung der Achse mit der Oberlafette ist nicht so einfach wie bei den Lafetten, wo nur der Pivotzapfen der Oberlafette mit der Unterlafette ver- bunden wird.

Auf S. 39 sind die Hauptdaten des 6,5-cm- und des 8-cm-Feld- geschützes mit langem Rohrrücklauf gegeben. Wenn man diese mit denen der viel später eingeführten Geschütze vergleicht, so kann man diese Erstlingsausführung wohl nicht als ungünstig bezeichnen. Es seien zu diesem Zwecke noch die Mündungsenergie des Geschosses und die Rückstoßenergie des Rohres dieser beiden Erstlingsgeschütze mit einigen der später eingeführten Geschütze nach dem System des langen Rohrrücklaufes in Vergleich gestellt.

	Mündungsenergie des Geschosses in Metertonnen	Rückstoßenergie des Rohres in mkg
6,5-cm-Geschütz vom Jahre 1892	72	1140
8,0-cm-Geschütz vom Jahre 1892	104,5	1980
Deutsches Feldgeschütz 96 n. A. v. J. 1905 .	76	1480
Österreich. Feldgeschütz 05	84	1770
Amerikanisches Feldgeschütz 02	93	1830
Französisches Feldgeschütz M/97	103	1790

Wie man aus dieser Tabelle ersieht, kommt das französische Feldgeschütz meinem 8-cm-Geschütz am nächsten. Nach S. 39 beträgt
das Rohrgewicht 430 kg, das Lafettengewicht 670 kg, also das Gewicht
des abgeprotzten Geschützes 1100 kg, welches auch das eingeführte
französische Geschütz M/97 hat. Dieses hat zwar einen Schutzschild,
dafür aber hat das 8-cm-Geschütz zwei Achssitze.

Eine Konstruktion, die ein neues Prinzip, wie es der lange Rohrrücklauf war, beweisen soll, mußte ich so ausführen, daß es den Beanspruchungen beim Schuß sicher gewachsen war. Denn Gewichtsver-
minderungen konnte man bei Annahme des Prinzips alsdann noch vor-
nehmen. Zudem muß in Betracht gezogen werden, daß das Stahlmaterial,
wie es damals zur Verfügung stand, noch nicht die Festigkeits- und
Elastizitätseigenschaften hatte wie 10 Jahre später.

Als das 6,5-cm-Geschütz im Frühjahr 1893 auf dem Grusonschen
Fabrik-Schießplatz in dem Zustande, wie es aus dem photographischen
Bild ersichtlich ist, im Beisein des seinerzeitigen Referenten in der
Artillerie-Prüfungskommission, Majors Hamm, zum erstenmal schoß,
meinte er, daß ich selbst diesen Erfolg in bezug auf das Ruhigstehen der
Lafette nicht erwartet hätte. Dies ist wohl ein Beweis dafür, daß ich
den Wert der Erfindung des langen Rohrrücklaufes der preußischen Mili-
tärbehörde gegenüber nicht zu rosig geschildert hatte; denn es war stets
mein Grundsatz, vor Niederlegung einer Erfindung dieselbe theoretisch
nach allen Seiten zu prüfen und hauptsächlich die eventuellen Nachteile
schon vorher aufzufinden, um nicht grobe Enttäuschungen zu erleben.
Nebenbei bemerkt wurde jenes 6,5-cm-Feldgeschütz noch vor dem Weltkriege im Zeughause Unter den Linden in Berlin aufgestellt und befindet sich auch gegenwärtig noch als das erste erbaute Feldgeschütz mit
langem Rohrrücklauf dort.

Während noch an der Fertigstellung des 8-cm-Geschützes im
Grusonwerk gearbeitet wurde, trat zu meinem Schrecken das Gerücht
auf, daß Unterhandlungen wegen Ankaufs des Grusonwerkes durch
Krupp im Gange seien. In der Tat fand dann auch der Ankauf des Werkes
im Sommer 1893 durch die Firma Krupp in Essen statt und der Direktor
Groß der Artilleristischen Abteilung, der, wie schon früher erwähnt, auf
meine ihm überreichte Denkschrift seinerzeit eine ablehnende Haltung
eingenommen hatte, kam persönlich nach Magdeburg. Er engagierte für

seine artilleristische Abteilung alle die für ihn geeigneten Beamten, worunter auch ich mich befand; dabei wurde ich für die Lafettenabteilung bestimmt. Unterm 1. August schied ich infolgedessen aus dem Grusonwerk aus, trat aber nicht sofort bei Krupp ein, da ich eine militärische Übung beim 14. Infanterie-Regiment in Nürnberg, dem ich als Reserve-Offizier angehörte, abzuleisten hatte. Ende August schrieb mir die Firma Krupp dorthin einen Brief des Inhalts, daß mit meinen Geschützen am 29. August 1903 geschossen werden solle und daß meine Anwesenheit erwünscht sei. Es wurde am fraglichen Tage vormittags in Gegenwart des Direktors Groß auf dem Fabrikschießplatz des Werkes in Essen das 6,5-cm-Geschütz beschossen und funktionierte gut. Trotz der geringen Abmessungen des Sporns lief das Geschütz nur 100—200 mm zurück, und obwohl das Rohr horizontal lag, sprang es nicht, da der Lafettenschwanz sich nicht eingrub und infolgedessen die vertikale Entfernung der Rohrachse vom Lafettenschwanz sich nicht vergrößerte. Es wurden im ganzen jedoch nur einige Schüsse abgegeben, und Herr Groß machte damals keinerlei Bemerkung mir gegenüber über die Lafette, auch nicht nachher. Nur als er sich später nach einer ihm zu Ehren veranstalteten Feier bei seinem Ausscheiden aus der Firma verabschiedete, fragte er mich beim Abschiednehmen, was meine Lafette mache.

Bei jenem Schießen war nur die Geschützbedienungsmannschaft über das Verhalten des Geschützes erstaunt, da sie solches bei einer Räderlafette noch nicht gesehen hatte. Ich reiste alsbald zurück, um meine Militärübung zu beendigen, und trat gegen Mitte September im Kruppschen Werke ein. Inzwischen war auch die noch im Grusonwerk fertiggestellte 8-cm-Lafette bei Krupp eingetroffen. Da ich bei dem 6,5-cm-Geschütz beobachtet hatte, daß der dort angebrachte Sporn für sandigen Boden viel zu klein war, um das Zurücklaufen der Lafette zu verhindern, beantragte ich, die Sporne durch größere ersetzen zu dürfen. Allein ich erhielt den abschlägigen Bescheid, daß an der Lafette nichts mehr geändert werden dürfe; auch machte man die Bemerkung, daß man mit einem Sporn auch starre Lafetten festhalten könne.

Zu dieser Zeit, etwa vom Jahre 1892 ab, hatten sich die Geschützfabriken mit dem Prinzip beschäftigt, den Rücklauf des Geschützes unter Beibehaltung der starren Lafette dadurch aufzuheben oder wenigstens zu vermindern, daß sie am Lafettenschwanz einen Mechanismus anbrachten, welcher der Lafette gestattete, beim Schuß zurückzugleiten. Die im Mechanismus hierbei aufgespeicherte Energie sollte die Lafette nach vollzogenem Rücklauf wieder in die Anfangsstellung vorschleudern oder vorbewegen. Die nachfolgenden Abbildungen aus der früheren Zeitschrift »Die Kriegswaffen« veranschaulichen derartige Ausführungen.

Abb. 1 und 2 zeigen einen drehbar gelagerten elastischen Sporn Kruppscher Ausführung, und zwar ist in Abb. 1 der Sporn in der Schußstellung und in Abb. 2 nach vollzogenem Rücklauf der Lafette dargestellt. Der Sporn *A* ist mittels seiner beiden Arme *b* um den Bolzen *C* drehbar gelagert. Durch den zwischen den Lafettenwänden gelagerten

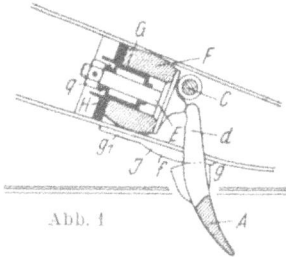

Abb. 1

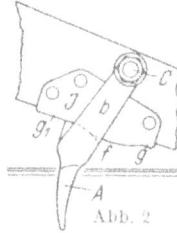

Abb. 2

Gummipuffer *F* wird der Bolzen *E* gegen das am Sporn befindliche Zungenstück *d* gedrückt. Beim Schuß schneidet sich nun die Spornspitze in den Boden ein und bildet beim Rücklauf der Lafette den Drehpunkt des Sporns, der nach vollzogenem Rücklauf der Lafette die Lage wie in Abb. 2 einnimmt. Die im Puffer beim Rücklauf aufgespeicherte Energie bringt alsdann den Lafettensporn und somit auch die ganze Lafette wieder in Stellung nach Abb. 1.

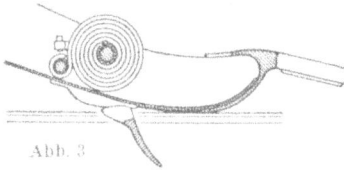

Abb. 3

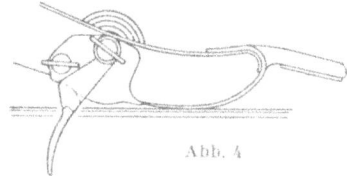

Abb. 4

Anstatt des Gummipuffers hat man auch Belleville-Federn angewendet. Abb. 3 und 4 zeigen die Ausführung eines solchen elastischen Sporns unter Anwendung einer Spiralfeder.

Das Grusonwerk hat außer mit derartigen Spornen die Aufgabe auch dadurch zu lösen gesucht, daß es am Lafettenschwanz eine hydraulische Bremse angebracht hat, wie Abb. 5—7 zeigen.

Der Sporn *E* bildet mit dem Bremszylinder *D* ein Stahlgußstück, an welches ein Windkessel *H* angegossen ist. Der hintere Lafettenteil *A* ist mit der Kolbenstange *D*, an welcher der Bremskolben *C* sitzt, fest verbunden und die Lafettenwände sind in einer Geradführung des Bremszylinders gleitbar angeordnet. Beim Schuß bleibt der

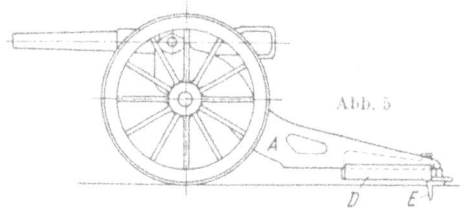

Abb. 5

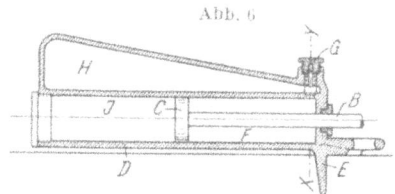

Abb. 6

Schnitt X—Y

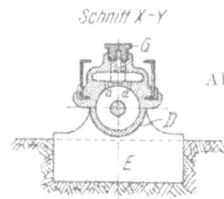

Abb. 7

ins Erdreich getriebene Sporn E mit dem mit glatter Bohrung versehenen Bremszylinder D in Ruhe, während der Bremskolben C mit der Lafette nebst Rohr rückwärts gleitet. Das hierbei verdrängte Glyzerin entweicht durch ein mit Feder belastetes Ventil G in den Windkessel H, so daß die bereits darin befindliche vorgespannte Luft noch höher gespannt wird. Nach beendetem Rücklauf drückt alsdann die gespannte Luft im Windkessel das Glyzerin wieder in den Glyzerinzylinder durch die kleinen Löcher a, a zurück und der auf die hintere Kolbenseite ausgeübte Druck sowie die Luftleere im vorderen Raum J des Zylinders schieben die Lafette wieder in die Schußstellung vor.

Eine andere Lösung des Grusonwerks, womit das Bucken und Zurücklaufen der Lafette verhindert werden sollte, zeigt die Abb. 8. Sie besteht darin, daß die Lafette D durch das mit der Oberlafette C nur wenig zurücklaufende Rohr A selbsttätig an den Erdboden angesaugt

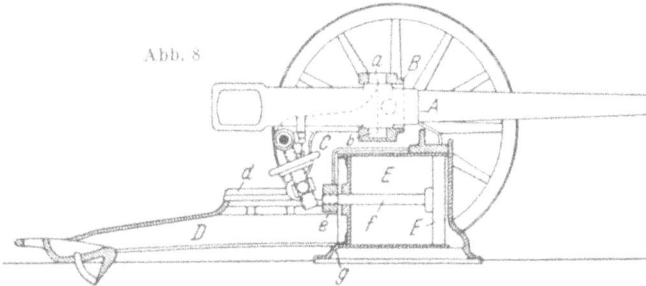

Abb. 8

wird. Zu dem Zweck kann die Oberlafette C, in welcher das Rohr mittels vertikaler Schildzapfen gelagert ist, auf Leisten d der Lafette D hin- und hergleiten. An den Lafettenwänden ist ein Kasten E mit quadratischem Querschnitt angebracht, in welchem sich ein ziemlich dicht abschließender Kolben F mit Kolbenstange f bewegen kann, die mit der Oberlafette C fest verbunden ist. Beim Schuß läuft die das Rohr tragende Oberlafette C samt dem mit ihr durch die Kolbenstange f verbundenen Kolben F zurück. Dadurch wird vor dem Kolben eine Luftverdünnung und hinter demselben eine Luftverdichtung erzeugt und so die zurücklaufende Masse zur Ruhe gebracht. Ferner saugt sich der Fuß g des Kastens E, dessen Raum mit der Vorderseite des Zylinders in Verbindung steht, an den Erdboden fest; so werden das Bucken und auch das Zurückweichen der Lafette verhindert. Nach beendigtem Rücklauf der Oberlafette bewirken die Luftverdünnung vor und die Luftverdichtung hinter dem Kolben wieder das Vorbringen der Oberlafette in die Schußstellung.

Allen durch die Abb. 1—8 dargestellten Lafettenrücklaufgeschützen ist der Fehler gemeinsam, daß ihre Wirkungsweise stark von der Bodenbeschaffenheit und von der Neigung des Terrains nach vor oder rück-

wärts, auf dem das Geschütz seine Aufstellung findet, abhängig ist.
Da die Lafette in diesen Ausführungen ebenso wie die frühere einfache
starre Lafette beim Initialstoß beansprucht wird, so müssen auch die
Stärkeabmessungen ihrer einzelnen Teile dieselben sein wie bei den
früheren Lafetten; außerdem tritt das Gewicht des Bremsmechanismus
noch hinzu. Wenn der elastische oder Federsporn in Abb. 1—2 und 3—4
verhältnismäßig noch leicht ist, so kann man dies von der in Abb. 5—7
angedeuteten Konstruktion, wo der Sporn mit einer hydraulischen
Bremse versehen ist, nicht mehr behaupten. Außerdem ist eine solche
Anordnung unmittelbar am Boden dem Schmutz ausgesetzt.

Die Anordnung in Abb. 8 ist viel zu schwerfällig und zu kompliziert
in der Handhabung, als daß sie für die Feldartillerie in Betracht kommen
könnte.

Man versuchte auch sog. Stauch- oder Teleskoplafetten; ich selbst
konstruierte eine solche im Kruppschen Werke, wie sie die nebenstehende Abbildung zeigt. Die
Lafettenwände waren ersetzt
durch je zwei teleskopartig in
einander verschiebbare Röhren
von rechteckigem Querschnitte,
an welchen die Schildzapfenlager
zur Aufnahme des Rohres befestigt waren. Außerdem war
die Höhenrichtmaschine an ihnen
angebracht. In diesen Lafettenwänden *a* führten sich die hinteren
röhrenförmigen Lafettenwände *b* mit dem Sporn *c* und der Lafettenöse *d*.
Innerhalb der Wände befanden sich vorgespannte Schraubenfedern.
Beim Schusse blieb der Sporn mit den hinteren Lafettenwänden *b* stehen,
während die vorderen Lafettenwände samt Rohr sich über die hinteren
Lafettenwände schoben und dabei die Spiralfedern zusammendrückten.
Die Lafette verkürzte sich also auf diese Weise. Nach vollzogenem Rücklaufe schoben die Federn den oberen Lafettenteil wieder in seine normale
Lage zurück. Naturgemäß wurden diese Lafetten bedeutend schwerer,
da ja gegenüber der gewöhnlichen starren Lafette die Beanspruchung
beim Schusse nur wenig oder nicht geringer war und die neu hinzutretenden Teile das Gewicht erhöhten. Außerdem hing die Wirkung all-
zusehr von dem Boden und dem Geländewinkel ab. War das Geschütz
auf einem nach vorne ansteigenden Terrain aufgestellt, so konnte der
Mechanismus das Geschütz nur schwer vorbringen oder versagte ganz.
Bei einem abfallenden Gelände aber hatte die Feder überflüssige Stärke
und die Lafette konnte stark aus der Richtung geworfen werden. Eine
befriedigende Lösung konnte eben trotz Aufwendung aller Mühe und
großer Kosten auf diesem Wege nicht gefunden werden, weil der Grund-
gedanke bei allen diesen Ausführungsarten ein ungesunder war. Ist das

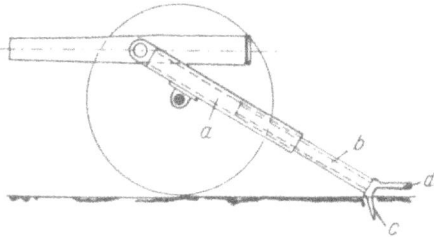

Prinzip ein schlechtes, so nützen die wertvollsten Detailkonstruktionen nichts. Ist dagegen das Grundprinzip ein richtiges, so kann auf Grund der gesammelten Erfahrungen durch allmähliche Ausbildung der Details eine gute Sache geschaffen werden. Die Versuche der erwähnten Konstruktionen zogen sich bis Ende der 90er Jahre hin; dabei war auch die Detailausbildung des Geschützes mit elastischem Sporn eine ausgezeichnete. So kam es auch, daß die schweizerische Prüfungskommission noch gegen Ende 1901 sich für das Kruppsche Federsporngeschütz entschied, obwohl zu dieser Zeit dem Artilleristen klar sein mußte, daß das Geschütz nach dem System des langen Rohrrücklaufes, wenn noch nötig, mit geringen Verbesserungen, zur Einführung reif sei. Die schweizerische Bundesversammlung hat daher noch rechtzeitig den Antrag des Bundesrats an sie, betreffend Annahme des Kruppschen Federsporngeschützes, abgelehnt; dafür wurde dann nach weiteren Versuchen das Kruppsche Geschütz mit langem Rohrrücklauf zur Einführung bestimmt. Die Preußische Prüfungskommission zog es schon im Jahre 1896 vor, anstatt eines Federsporns einen einfachen starren Sporn für ihr Feldgeschütz C/96 zu nehmen. Außerdem wurde es mit einer Seilbremse zum Bremsen der Räder ausgestattet. Da der Sporn aber bei unnachgiebigem Boden ein so starkes Bucken der Lafette verursachte, daß bei hartem oder gefrorenem Erdreich die Räder und andere Teile des Geschützes bald zugrunde gegangen wären, so wurde der Sporn umklappbar gemacht. Dadurch hatte er zugleich den Vorteil, beim Fahren kein Hindernis zu bilden.

Im Frühjahr 1894 (2. März) wurde auf dem Kruppschen Schießplatze in Meppen ein Versuchsschießen vor Offizieren des preußischen Kriegsministeriums und der Artillerie-Prüfungskommission abgehalten, wobei meines Erinnerns Artillerie-Oberst v. Reichenau den Vorsitz führte. Außer Geschützen Kruppscher Konstruktion wurden auch meine 6,5-cm- und 8-cm-Feldlafetten vorgeführt. Infolge des zu kleinen Sporns, welcher in keinem Verhältnis zu den Sporen des späteren Rohrrücklaufgeschützes stand, funktionierten dieselben in dem aufgewühlten sandigen und teilweise aufgelockerten Boden nicht so, wie es bei einem mit größerer Fläche versehenen Sporn der Fall gewesen wäre. Major Hamm, der Referent in der Artillerie-Prüfungskommission für dieses Lafettensystem fragte mich noch, warum ich denn einen solchen Rattenschwanz von Sporn angebracht hätte, worauf ich ihm antworten mußte, daß mir leider im Kruppschen Werke verboten worden sei, noch irgendwelche Änderungen vorzunehmen. Die anwesenden Persönlichkeiten der Firma Krupp zeigten kein Interesse für die Lafette; insbesondere war der Ressortchef Resow sehr gegen das Rohrrücklaufgeschütz eingenommen. Auch wurde von einzelnen Offizieren die Ansicht vertreten, daß es ein falsches Prinzip sei, das Rohr auf der Lafette zurückgleiten zu lassen. Man hielt das Geschütz insbesondere für zu empfindlich für den

4*

Feldgebrauch und wandte ein, daß schon ein Sandkörnchen genüge, um die hydraulische Bremse, d. h. deren Dichtung illusorisch zu machen. Schließlich endete die Kritik mit dem drastischen Ausrufe des Vorsitzenden, des Obersten v. Reichenau: »Weg mit dem Scheusal!«

Das der Firma später zugegangene Protokoll der Kommission habe ich leider nicht zur Kenntnis bekommen. Ich vermute aber, daß die Kommission das Rohrrücklaufgeschütz vollständig als kriegsunbrauchbar verworfen hat. Denn hätte sie in dem System des langen Rohrrücklaufes eine Lösung gesehen für ein zukünftiges Feldgeschütz, so hätte sie auf weitere Ausbildung bei der Firma dringen können. Sie mußte sich sagen, daß kein Meisterwerk vom Himmel fällt; denn wenn schon die Auffindung eines zweckmäßigen Federsporns so viele und jahrelange Versuche benötigt hat, wie kann dann bei einem vollständig neuen System, wie es das System des langen Rohrrücklaufs doch war, schon bei dem ersten Versuch einer Ausführung bewiesen werden, daß es kriegsunbrauchbar sei!

Nach mir vorliegenden Schießdaten ergab sich für die beiden Lafetten folgendes Resultat:

»Auf wagrechtem Boden lief die 6,5-cm-Lafette 8 cm, die 8-cm-Lafette 35 cm zurück; dabei sprang jene mit den Rädern etwa 10 cm hoch, die 8 cm dagegen überhaupt nicht. Bei Aufstellung auf einem unter 6° geneigten Hang betrug der Lafettenrücklauf bis zu 1,6 m. Der Luftvorholer arbeitete bei Erhöhungen bis zu 10° regelmäßig, bei größeren Erhöhungen blieb das Rohr hinter der Feuerstellung zurück.«

Am Lafettenrücklauf war eben der ungenügend große Sporn schuld, da er gegen das Verschieben der Lafette auf sandigem Boden zu geringen Widerstand bot. Bald nach diesem Versuche gab die Firma Krupp an den früher genannten Kaufmann Klumpp, ohne sich mir gegenüber zu äußern oder mir Mitteilung zu machen, die Patente zurück.

Nach diesem Mißerfolge hätte ich zu der Ansicht kommen können, daß es zwecklos sei, eine Sache weiter zu verfolgen, die sowohl von fachmännischer Seite wie von den Offizieren als minderwertig angesehen worden ist, und daß alle weiter aufgewendete geistige Arbeit hierfür nutzlos sei. Aber ich konnte trotz allseitigen Suchens nach anderer Lösung der Aufgabe nichts finden, was dem Prinzip des langen Rohrrücklaufes gleichgestellt werden konnte. Es konnte für mich also nur die Frage in Betracht kommen: Kann ich diese Erfindung mittels anderer Details besser ausgestalten als auf dem bisher eingeschlagenen Wege und kann ich den bisher vorgebrachten Einwänden — und es waren ihrer nicht wenige — nicht Rechnung tragen? Diese Einwände und Hemmnisse, die sich dem Erfinder entgegenstellen, sind nicht immer nur Unverständnis, sondern auch oft der Neid. Aber wie eine Mutter am besten geeignet ist, ihr Kind zu erziehen, so ist auch der schöpferische Ingenieur besser als jeder andere befähigt, seine Erfindung immer mehr organisch zu ent-

wickeln und die auftauchenden Konstruktionsschwierigkeiten durch
zähes Nachdenken zu besiegen.

Was den Luftvorholer anlangt, so kam ich selbst zur Überzeugung,
daß er seiner Aufgabe nicht gewachsen ist, wenn der Durchmesser des
Luftzylinders nicht so groß genommen wird, daß die Luftleere bzw.
der atmosphärische Druck allein schon in der Lage ist, das Rohr bei
jeder Elevation in die Schußstellung nach vollendetem Rücklaufe wieder
vorzuführen. Nimmt man aber den Durchmesser des Luftzylinders des
Raumes und Gewichtes wegen klein, so muß man vorgespannte Luft
bereits von solcher Dichte vorsehen, daß das Rohr selbst keine Energie
aufzunehmen braucht, um den letzten Teil des Vorlaufes überwinden zu
können. Denn arbeitet der Luftzylinder ohne Anfangsspannung, so
muß die komprimierte Luft beim Beginn der Vorwärtsbewegung des
Rohres so viel Energie in die vorlaufende Masse legen, daß dieselbe bei
Nachlassen der Kompressionsspannung befähigt ist, auch ohne genü-
genden Druck das Rohr vollständig und sicher, selbst bei der größten
Elevation des Rohres, vorzubringen. Daraus resultiert aber, daß das
Rohr bei geringer Elevation stoßerzeugend in die Feuerstellung gelangen
wird und so die Lafette aus der Richtung werfen kann. Vorgepreßte
Luft unter Druck lange Zeit zu erhalten, ist aber schwierig und fordert
äußerst genaue Arbeit. Im Felde sind aber bekanntlich Reparaturen,
insbesondere ohne geeignete Kräfte, schwer auszuführen. Es wäre zwecklos gewesen, eine solche Anordnung bei einem Feldgeschütz dazumal
vorzuschlagen.

4. Kapitel.

Die Krupp-Haußner-Lafette mit langem Rohrrücklauf.

Ich griff deshalb auf die Federn als Vorholer zurück, welche ich in
meiner Denkschrift wegen ihrer Zerbrechlichkeit verworfen hatte, obwohl die Artilleristen damals gegen jede Anwendung von Federn waren.
Das Federnmaterial stand eben in jener Zeit bei weitem nicht auf der
Höhe wie 10—20 Jahre später. Erst die Verbesserung des Stahles ermöglichte brauchbare Federn auch von verhältnismäßig geringem Gewichte herzustellen. Mit vollem Eifer beschäftigte ich mich wieder
damit, ein Rohrrücklaufgeschütz mit Federvorholer auszubilden. Ich
legte das 7,7-cm-Rohr zugrunde, welches für das zukünftige deutsche
Feldgeschütz genommen werden sollte. Das nun von mir entworfene
Rohrrücklaufgeschütz ist durch die beigefügten Abb. 1—3 dargestellt.
Da die langen Unterlafetten, insbesondere die des 8-cm-Geschützes, bei
welchen der horizontale Abstand von der Radmitte bis Lafettenachse
2210 mm betrug, den Offizieren als unannehmbar erschienen war, so
reduzierte ich diese Länge derart, daß der horizontale Abstand von Radmitte bis Sporn nur 1700 mm betrug, also nicht mehr als bei den einge-

führten Lafetten. Gegen die lange Unterlafette konnte man nämlich
alle möglichen Einwände hören. Z. B. der Raum zur Aufstellung des

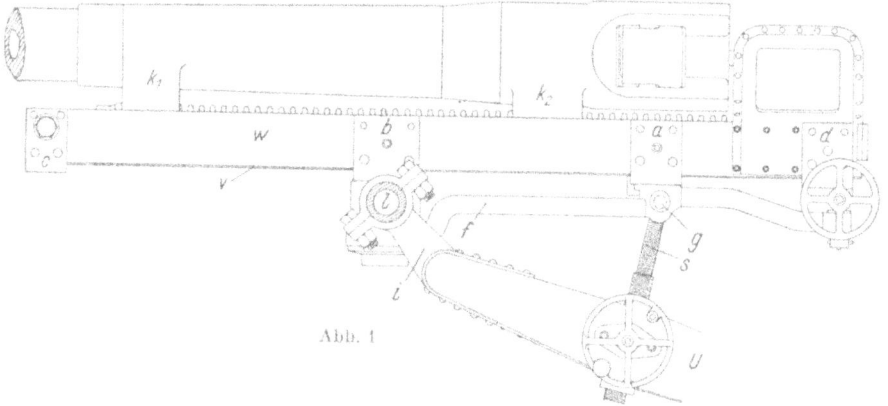

Abb. 1

Geschützes könnte in einzelnen Fällen mangeln, die Batterie würde im
Marsche eine zu große Länge ergeben oder das Schwenken im Marsche

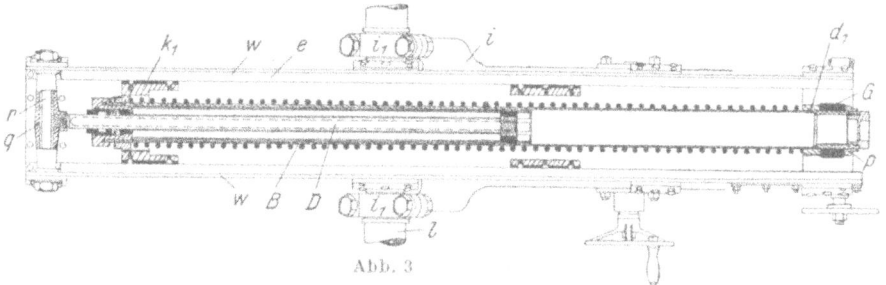

Abb. 3

würde einen zu großen Schwenkradius erfordern u. dgl. m. Man war eben
an diesen Anblick noch nicht gewöhnt, und es fiel den Artilleristen schwer,
sich vom Alten zu trennen. Im Weltkriege und
heute noch mehr hat der Artillerist sich an noch
längere Unterlafetten gewöhnen müssen als ich
sie zuerst anwendete. Die nun kurze Unterlafette gestattete, daß man dem Rohre eine
Elevation bis zu 20° geben konnte, was wegen
der verlangten ballistischen Leistung mit kleiner
Anfangsgeschwindigkeit für das zur Einführung
beabsichtigte Geschütz wünschenswert war.
Den Rücklauf nahm ich zu ca. 800 mm an, wie-
wohl ich durch Verlängerung der Oberlafette
nach vorne den Rücklauf noch bedeutend hätte
vermehren können. Das mir bekannte damalige
Stahlmaterial für die Federn erlaubte keine

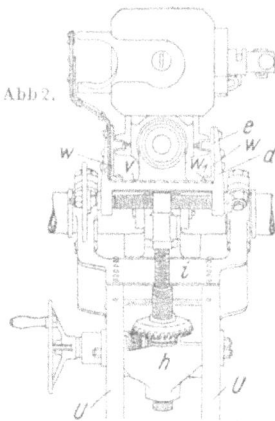

Abb. 2

größere Zusammendrückung derselben, ohne die Federwindungen zu deformieren. Runde Federn nahm ich deshalb, weil sie das geringste Gewicht bei gleicher Arbeitsaufnahme erlauben. Die Anwendung von Rechtecksfedern bei Geschützen war mir zwar bekannt, aber ich nahm sie wegen des größeren Gewichtes nicht und die Art der Herstellung war mir unbekannt.

Am Rohr sah ich wieder zwei Führungsklauen k_1, k_2 vor, welche mit dem Mantel des aus Seelenrohr und Mantel bestehenden Rohres ein Stück bildeten. Wie bei den ersten bereits beschriebenen zwei Lafetten waren auch hier für die Oberlafette zwei Wände w, w vorgesehen, die unten mit einem Flansche w_1 endigten und nach innen vorspringende Leisten e besaßen, über welche sich die Rohrklauen führen, wie Abb. 2 und 3 zeigen. Die beiden Oberlafettenwände waren gleichfalls, wie bei den zwei ersten Lafetten, unten mit einem 3 mm starken Blech v auf die ganze Länge mittels Nieten verbunden, das zur Erleichterung mit Ausschnitten versehen war. Das seitliche Ausbiegen der Lafettenwände sollte durch vier um die Oberlafettenwände greifende Bügel a, b, c, d verhindert werden, wie Abb. 1—2 veranschaulichen, also eine Anordnung wie bei meinen Erstlingsgeschützen. Der Glyzerinbremszylinder B von ca. 70 mm innerem Durchmesser hatte nahezu die ganze Länge der Oberlafette. Wie man aus Abb. 3 ersieht, war er bedeutend länger als er für den Rücklauf notwendig war, weil er als Stütze der Feder dienen mußte, eine Anordnung, die alle Konstrukteure sich später zum Vorbilde für den Bau von Lafetten mit langem Rücklauf genommen haben. Diese große Länge des Bremszylinders hatte aber den weiteren Vorteil, daß das Glyzerin bei Schnellfeuer sich nicht so hoch erwärmen bzw. ausdehnen konnte, was sonst für den Vorlauf bis in die Schußstellung ein Hindernis bildet, da die Kolbenstange nicht mehr so weit in den Zylinder eindringen kann. Wie in Abb. 3 die Zeichnung der Kolbenstange ersehen läßt, habe ich dieselbe hohl und nach hinten offen gehalten, damit ihr Volumen möglichst klein ausfiel.

Die Feder enthielt eine derartige Vorspannung beim Einbau, daß sie befähigt war, das Rohr selbst bei noch größeren Elevationen als 20° vorzuschieben. Eine Vorrichtung, damit das Rohr langsam und ohne Stoß insbesondere bei kleineren Erhöhungen in seine vorderste Lage kommen sollte, war hier noch nicht vorgesehen. Nur an dem hinteren Bügel d war, wie Abb. 3 zeigt, ein Gummipuffer G vorgesehen. Beim Vorlauf des Rohres stieß dann der am hinteren Ende des Bremszylinders befestigte Ring p gegen den Gummipuffer und brachte so das Rohr zum Stillstand. Das vordere Ende des Bremszylinders wurde mit der vorderen Rohrklaue k_1 verschraubt (Abb. 3), während das hintere Ende im hinteren Oberlafettenbügel d verschiebbar ruhte. Wie man sieht, habe ich den Bremszylinder mit dem Rohr verbunden, erstens, weil dadurch die zurücklaufende Masse bedeutend vergrößert und somit die Rückstoßenergie entsprechend verkleinert wird, und zweitens, weil für die Lagerung der Feder der Bremszylinder dienen kann und eine weitere Führungsstange unnötig wird. Wie man ohne weiteres aus der Zeichnung entnehmen kann, war bei diesem Entwurfe noch keine Anordnung für ein bequemes Einbringen der Feder in die Oberlafette vorgesehen. Denn es mußte zu diesem Zwecke das Rohr samt Bremszylinder und ungespannter Feder von vorne eingebracht werden, was schwierig war und was ein Mann allein nicht ausführen konnte. Alsdann mußte die Bremskolbenstange mit der daran geschraubten röhrenförmigen Traverse q mittels des Bolzens r mit den Lafettenwänden verbunden werden. Man könnte noch fragen, warum ich keine oben geschlossene Oberlafette genommen habe. Auch das zog ich dazumal in Betracht. Einesteils ersetzte ja das über der Oberlafette liegende Rohr eine oben geschlossene Oberlafette, wenn auch nicht in dem Ausmaße wie die letztere. Aber der Hauptgrund, warum ich von der geschlossenen Oberlafette absah, war der, daß ich von der Ansicht ausging, der vordere Teil des schweren Bremszylinders samt der Feder dürfe nur durch das Rohr gehalten werden und es dürfe nicht die schwache Kolbenstange mit der empfindlichen Dichtung diese Last tragen. Durch die Erschütterungen beim Fahren ist insbesondere die Stopfbüchsenpackung in Gefahr undicht zu werden. Will man eine geschlossene Oberlafette anwenden, wie Krupp später, so muß man natürlich den Bremszylinder mit dem hinteren Teil des Rohres verbinden. Dadurch aber tritt die Notwendigkeit ein, dem hinteren Teil des Bremszylinders eine besondere Führung in der Oberlafette zu geben, was die Konstruktion komplizierter macht. Treten durch feindliche Geschosse Verbeulungen der Oberlafette ein, so kann man die innerhalb der Oberlafette befindliche Führung des Bremszylinders nur sehr schwer reparieren. Schließlich kann sich der Bremszylinder beim Schnellfeuer nicht so rasch abkühlen wie bei einer nach oben offenen Lafettenform, da die erwärmte Luft zwischen Bremszylinder und Oberlafette nicht entweichen kann. Es muß aber zugegeben werden, daß das Innere der Oberlafette staubfreier bleibt und die beim Zurücklaufen des Rohres freiliegende Kolbenstange besser geschützt ist als bei meiner Anordnung. Daß ich die Vorholfeder nicht auf Zug beanspruchen wollte, wie dies andere Konstrukteure taten, ist begreiflich, da ja bei einem Bruche der Feder der Vorholer vollständig versagt, während bei einer auf Druck beanspruchten Feder ein Bruch noch immer ein weiteres Arbeiten des Geschützes zuläßt.

Der zweite Oberlafettenbügel b endete mit einem nach unten gelegenen Pivotzapfen, welcher in der mit entsprechender Bohrung versehenen Lafettenachse l drehbar zum Geben der Seitenrichtung des Rohres gelagert war. Unterhalb der Achse war an derselben der Richtsohlarm f unbeweglich befestigt. Auf diesen legte sich der dritte Oberlafettenbügel a derart, daß er sich zum Geben der Seitenrichtung seitlich bewegen, aber infolge einer vorgesehenen Nut, in welche sich der vorspringende Rand des Richtsohlkissens legte, nicht abheben konnte. Unmittelbar unterhalb des Richtsohlkissens war die innere Höhenrichtschraube *s* mittels des Bolzens *g* mit jenem verbunden, um ein Biegungsmoment im Richtsohlarm beim Schuß zu vermeiden. Die äußere Richtschraube ruhte mit ihrem Gewinde in der sog. Richtwelle *h* (Abb. 2) und diese wieder mit ihren Zapfen in den Unterlafettenwänden. Die Bewegung der Richtschraube durch das Handrad wurde mittels der bei den früheren Lafetten gebräuchlichen Einrichtung bewerkstelligt. Die Unterlafette *U*, welche aus zwei parallel gelagerten ∪-förmigen Stahlwänden bestand, trug vorne ein Gabelstück *i* mit zwei Lagern i_1, i_1, in welchen die Achse drehbar, aber nicht verschiebbar ruhte. Der Sporn war auf Grund von Erfahrung im Verhältnis zur Geschützleistung bedeutend größer bemessen als bei meinen Erstlingslafetten.

Ohne Zweifel wird man bei Betrachtung der von verschiedenen Staaten später eingeführten Rohrrücklaufgeschütze mit Federvorholer erkennen, daß ihnen meine Konstruktion als Vorbild gedient hat. Da ein Auftrag zur Ausführung eines solchen Geschützes nicht vorlag, ließ ich die Detailzeichnungen nur gelegentlich ausführen, so daß sich die Durchkonstruktion bis Mai 1894 hinzog. Da der schon wiederholt genannte Direktor Groß der Artillerie-Abteilung zu dieser Zeit in Urlaub war, von dem ich wußte, daß er ohne weiteres ablehnen würde, auf die Sache einzugehen, so benützte ich diese Zeit oder Gelegenheit, sie seinem Stellvertreter und Assistenten vorzulegen. Er war seinerzeit Chef der artilleristischen Abteilung im Grusonwerk gewesen und hatte daselbst auch dem System des langen Rohrrücklaufes wirklich Interesse entgegengebracht. Nach einigen Tagen gab er mir jedoch ohne Rücksprache die Zeichnung mit den Worten zurück: »Nehmen Sie Ihr Bild wieder mit!« Der Ausdruck Bild will aber in der technischen Sprache sagen, daß das Dargestellte ein minderwertiges Produkt sei. Nach all diesen Vorfällen war es mir klar geworden, daß bei der Firma Krupp kein Verständnis für das Rohrrücklaufgeschütz vorhanden sei und ich nicht darauf rechnen könne, daß diese Firma dem Rohrrücklaufgeschütz je nähertreten werde. Ich war auf Grund der Vorkommnisse auch entmutigt worden, weitere Vorschläge in bezug auf dieses System zu machen. Daß diese meine Mutmaßung nicht eine irrige war, geht ja aus dem im Jahre 1898, also 4 Jahre später, von Krupp herausgegebenen Bericht »Die Entwicklung des Kruppschen Feldartillerie-Materials von 1892—97« hervor. Dort heißt es wörtlich: »Die Einrichtung des Rohrrücklaufes ist keineswegs einfach, die Flüssigkeitsbremse erheischt sorgfältige Behandlung und fortwährende Aufmerksamkeit, die im Felde, namentlich wenn es an geübter Mannschaft mangelt, schwer durchzuführen sind. Der Rohrrücklauf empfiehlt sich schon aus diesem Grunde für den Feldkrieg nicht. Auch kann es vorkommen, daß bei vernachlässigter Auffüllung der Bremse ein Herausschießen des Rohres nach hinten stattfindet und somit nicht nur das ganze Geschütz unbrauchbar, sondern auch die Bedienung gefährdet wird. Derselbe Fall tritt ein, wenn die Vorbringeeinrichtung des Rohres versagt, was im Schnellfeuer und in der Aufregung des Kampfes leicht übersehen werden wird. Man kann dem Herausschießen des Rohres allerdings vorbeugen durch große Verstärkung der Bremse und der damit im Zusammenhang stehenden Einrichtung, doch kann dies nur auf Kosten des Gewichts geschehen.

Die verderblichen Einwirkungen eines, das Material außerordentlich angreifenden, jahrelangen Fahrgebrauches auf ein so konstruiertes Geschütz sind noch nicht in Erfahrung gebracht und schließlich haben alle derartigen Konstruktionen noch den Übelstand, daß ein Unbrauchbarwerden des Rohrrücklaufes, also eines verhältnismäßig kleinen Teiles des Geschützes, z. B. durch feindliches Feuer oder durch andere Umstände, dem zeitweisen Unbrauchbarwerden des ganzen Geschützes gleichkommt. Die Gefahr ist um so größer, je größer der Rücklauf ist und je weniger einfach die Einrichtungen dazu sind.

Die Lehren, die aus den mit Rohrrücklaufgeschützen gemachten Versuchen gezogen werden konnten, waren also dieser Konstruktion nicht günstig.«

5. Kapitel.

Die Ehrhardt-Haußner-Lafette.

Im Einvernehmen mit mir setzte sich Kaufmann Klumpp, dem Krupp die Patente zurückgegeben hatte, mit dem Aufsichtsratsvorsitzenden der Rheinischen Metallwaren- und Maschinenfabrik Heinrich Ehrhardt in Verbindung, der auch eine Maschinenfabrik in Zella St. Blasii in Thüringen besaß. Ehrhardt hatte dazumal schon Lieferungen für die preußische Militärverwaltung hauptsächlich in Infanterie-Munition gemacht. Klumpp und ich führten ihm nun das Rohrrücklaufgeschütz-Modell, das seinerzeit schon bei der Artillerie-Prüfungskommission gedient hatte, mit geringer Abänderung vor. Daraufhin schloß dann Klumpp mit Ehrhardt anfangs April 1895 einen Vertrag, auf Grund dessen dieser sich verpflichtete, ein Probegeschütz auszuführen. Da bis zu dieser Zeit Ehrhardt weder in seinen Werkstätten in Zella St. Blasii noch in der Rheinischen Metallwaren- und Maschinenfabrik in Düsseldorf ein einziges Geschütz gebaut hatte, ihm also jede Kenntnis und Erfahrung hierin fehlte, so stellte er die Forderung, daß ich zur Ausführung eines Probegeschützes sämtliche Zeichnungen liefern müßte. Weil die Rheinische Metallwarenfabrik dazumal schon Röhren herstellte, so bildete ich mit dem Einverständnis Ehrhardts die Teile der Lafette soweit als möglich in Röhrenform. Das ganze Geschütz mit Ausnahme des von einem Spandauer Ingenieur stammenden Verschlusses, war von mir allein durchkonstruiert worden. Die Zeichnungen dazu, den größten Teil im Sommer 1895, führte ich in meiner Wohnung aus.

Eine Schädigung der Kruppschen Interessen meinerseits durch die Lieferung der von mir für das Probegeschütz gefertigten Zeichnungen konnte darin aber nicht erblickt werden, denn 1. war die Firma Krupp eine Gegnerin des Systems des langen Rohrrücklaufes, und 2. habe ich den Kruppschen Konstruktionen nichts entnommen, was eine Schädigung ihrer Fabrikation gewesen wäre. Meine Tätigkeit bei Krupp erstreckte sich, wie schon angegeben, nur auf die Konstruktion von starren Lafetten mit elastischem Sporn, auf Militärwagen usw. Im Gegenteil, Krupp konnte später Geschütze mit langem Rohrrücklauf bauen, da ich fehlerhafter Weise nicht das Patent auf das System des langen Rohrrücklaufes, sondern nur für eine Ausführungsform genommen hatte. Es ist ihm also ohne Gegenleistung möglich gewesen, später solche Geschütze herzustellen. Zudem hat er nicht einmal, sondern dreimal meine Vorschläge in bezug auf Versuche mit dem Rohrrücklauf abgewiesen.

Im Sommer 1896 wurde ich dann von Ehrhardt für die Zeit vom 1. Oktober 1896 ab zur Leitung einer noch zu gründenden Fahrzeugfabrik angestellt, und zwar mit dem vorläufigen Domizil in Zella St. Blasii im Herzogtum Sachsen-Coburg-Gotha, wo seine Werkstätten

liegen. Nach meinem Eintritte hatte ich mich zunächst mit der Konstruktion von Fahrrädern und der noch fehlenden Teile an der Probe-Lafette zu beschäftigen. Meine leitenden Grundsätze bei der Ausarbeitung dieses Lafettenprojektes waren vor allem möglichster Schutz

aller Teile gegen feindliches Infanteriefeuer, Schrapnells und Granatsplitter und, soweit als möglich, auch gegen Volltreffer. Weiter wollte
ich durch möglichst ein-
fachen Aufbau ein kleines
Lafettengewicht erzielen.
Die Details suchte ich durch
geeignete Querschnittsfor-
men mit geringem Gewichte
bei großer Widerstandsfähig-
keit gegen Stöße herzu-
stellen.

Die Charakteristik des
in den Ehrhardtschen Werkstätten ausschließlich nach
meinen Angaben ausgeführ-
ten Rohrrücklaufgeschützes
gibt am besten die in der
englischen Patentschrift Nr.
14028 A. D. 1897 enthaltene
Zeichnung auf Blatt 1. Es
ist dazu zunächst zu bemerken, daß der dort veran-
schaulichten Höhenricht-
einrichtung eine solche mit
Zahnstangenantrieb voraus-
ging. Dabei mußten zwei
Zahnstangen bzw. Zahn-
bogen, deren Mittelpunkt
in der Radachse lag, auf
beiden Seiten der röhren-
förmigen Unterlafette verwendet werden. Diese An-
ordnung verließ ich aber
wieder, da die Enden der
Zahnbogen bei aufgeprotzter
Lafette beim Fahren nicht
genügend Abstand vom
Boden hatten und so ein
Hindernis bilden konnten.

Das hierfür in Eng-
land erworbene Schutzrecht mußte in Deutschland in vier Patent-
anmeldungen zerlegt werden, worauf mir die vier deutschen 'Reichspatente 95047, 95335, 95336 und 95411, sämtliche vom 9. Dezember
1896, erteilt worden sind.

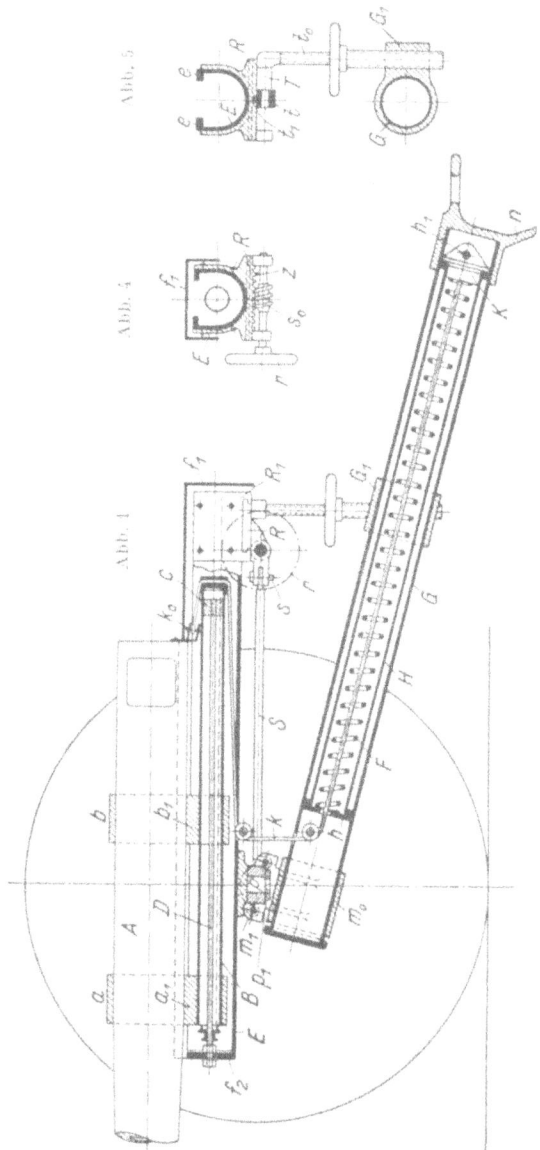

Die nach diesen Patenten angefertigte Lafette zeigen das photographische Bild S. 59 sowie die Abbildungen der hier abgebildeten englischen Patentzeichnung. Das Rohr A, Abb. 1, 3, 3b, ist mit zwei auf dasselbe aufgeschrumpften Führungsklauen a und b versehen, welche 1) zur Verbindung des Glyzerinzylinders B mit dem Rohre, 2) zur Führung des Rohres auf der Oberlafette E und 3) zur Anbringung von Schutzblechen e_3 (Abb. 3) für die an der Oberlafette vorgesehenen Rohrgleitschienen e (Abb. 3a) dienen. Zur Aufnahme des Bremszylinders dienen die Augen a_1 und b_1 (Abb. 1, 3b) an den Führungsklauen. Während die Bohrung des Auges b_1 (Abb. 1) der hinteren Führungsklaue b nur als Stütze des lose darin gelagerten Bremszylinders dient, hat die Bohrung des Auges a_1 der vorderen Führungsklaue a zum Teil Muttergewinde, um den mit Gewinde versehenen vorderen Teil des Bremszylinders auch gegen Längsverschiebung zu sichern.

Die gleichzeitig die Panzerung für den Bremszylinder und dessen Zubehör bildende Oberlafette wird aus Stahlblech gebogen oder durch Ziehen hergestellt. Sie umgibt den Bremszylinder B mit einem gewissen Abstand und ist mit nach innen gebogenen zur Führung

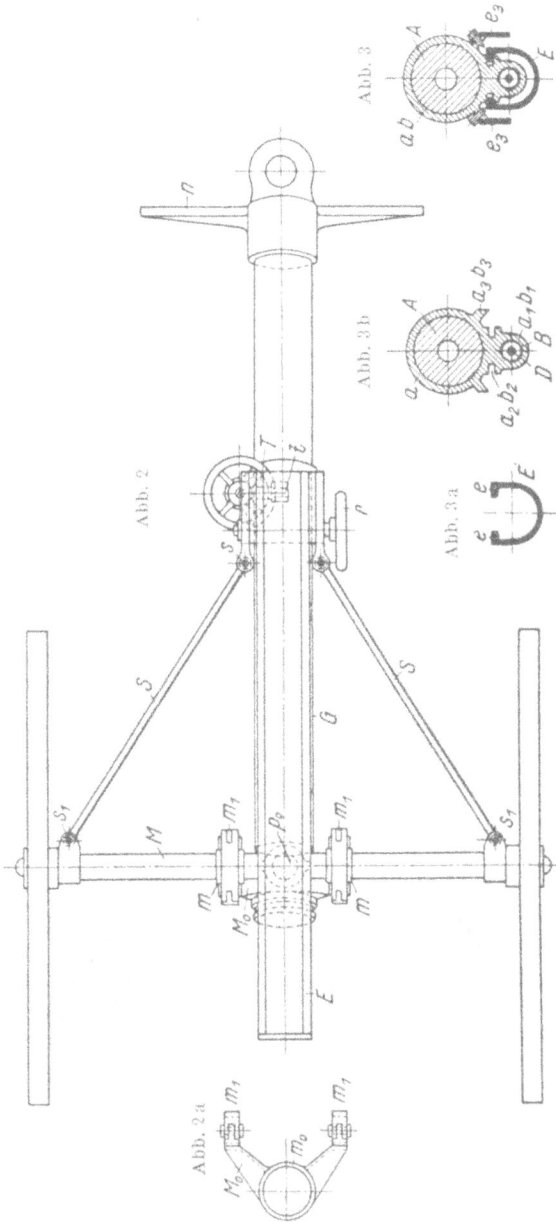

des Rohres dienenden Flanschen e, e (Abb. 3a) versehen, über welche sich die mit Bronzefutter versehenen Nuten a_2, b_2 der Führungsklauen a und b führen. Trotz der kleinen Querschnitts-Dimensionen und des geringen Gewichtes bietet diese Form der Oberlafette E wirksamen Schutz für den Bremszylinder B samt Kolbenstange usw. gegen Infanteriegeschosse, Schrapnells und Granatsplitter. Dadurch, daß die Oberlafette E sich in einem gewissen Abstande um den Bremszylinder legt, können auch etwaige durch feindliche Geschosse erzeugte Einbeulungen nicht schädlich auf die Bremse wirken. Um ferner auch die als Führungsleisten dienenden Flanschen e, e der Oberlafetten und die diese umgreifenden Führungsklauen a_2 und b_2 vor feindlichen Geschossen und Fremdkörpern, z. B. Sand, zu schützen, hat das Rohr zu beiden Seiten eine Panzerung, bestehend aus den längs der Flanschen e, e laufenden Panzerschienen e_3, e_3, die an den Ansätzen a_3, a_3 bzw. b_3, b_3 der Führungsklauen a und b angeschraubt oder sonst lösbar befestigt sind.

Die Panzerung f_1 (Abb. 4), welche die Gleitfläche und den hinteren Teil des Bremszylinders B von oben schützt, ist gleichfalls am Rohr angebracht. Weiter dient die zur Befestigung der Kolbenstange D an der Oberlafette E angebrachte Platte f_2 als Panzer für die Stirnfläche des Bremszylinders. Der Bremszylinder, der mit dem Rohre fest verbunden ist, vergrößert bedeutend die zurücklaufende Rohrmasse und vermindert dadurch die Rücklaufenergie, wie ich schon in meiner Denkschrift vom Jahre 1888 dargelegt habe und ebenso die im Rohre angebrachte Panzerung.

Die Kolbenstange selbst wird nur durch die bremsende Kraft auf Zug, also geringfügig beansprucht, was deren Herstellung als Hohlkörper selbst bei kleinem Durchmesser ermöglicht und trotzdem den Vorteil hat, daß die verhältnismäßig lange Kolbenstange den auftretenden Durchbiegungskräften beim Fahren gut widerstehen kann.

Die Bremszylinderzüge waren von gleichbleibender Tiefe in der ganzen Länge, weil deren Herstellung mit einer gewöhnlichen Ziehmaschine für das Einschneiden der Züge der Kanonenrohre mit Leitlineal ausgeführt werden konnte und auch eine verhältnismäßig dünne Zylinderwandung gegenüber Keilzügen zuläßt. Die Masse für die Züge waren, wie bei allen später gefertigten Bremszylindern von mir ausschließlich durch Rechnung und nie durch Versuche festgestellt, nachdem aus Pulvergewicht, Größe des Ladungsraumes, aus Geschoßgewicht und dessen Anfangsgeschwindigkeit und aus dem Gewicht der beim Schuß zurücklaufenden Masse das Arbeitsdiagramm des Rohres aufgestellt werden konnte.

Die hohle Bremskolbenstange war nicht, wie in der Patentzeichnung angegeben ist, an der am vorderen Ende der Oberlafette E (Abb. 1) lösbar angebrachten Platte f_2 mit Gewinde befestigt, sondern wie beigegebene Skizze erkennen läßt. Der an den zwei Augen f_3, f_3 der Platte f_2 gelagerte Bolzen f_4 war in der Mitte zur Aufnahme des Kolbenstangenkopfes D_1 vierkantig und, soweit er in den Augen f_3 lagerte, zylindrisch gehalten. Der Kolbenstangenkopf D_1 selbst hatte einen länglichen Schlitz, so daß sich die Kolbenstange wohl auf- und abwärts, aber nicht in der Längsrichtung verschieben konnte. Da der Bolzen f_4 sich in den Augen f_3, f_3 drehen konnte, so konnte sich auch die Kolbenstange mit dem Bolzen f_4 drehen. Die Ursache dieser Anordnung bot folgende Überlegung: Nach langem Fahrgebrauch werden sich die Nuten der Führungsklauen aushämmern. Der Bremszylinder senkt sich dann gleichmäßig, wenn beide Führungen a_2 und b_2 (Abb. 3b) der Klauen a und b sich um dasselbe Maß aushämmern. Es kann sich nun durch diese Anordnung auch die Bremskolbenstange senken. Schlägt sich die eine von den Führungen mehr oder weniger aus, so wird die Bremszylinderachse sich gegen ihre frühere Lage neigen, und da der Bolzen f_4 drehbar gelagert ist, so kann auch die Bremskolbenstange dieser Neigung sich anpassen.

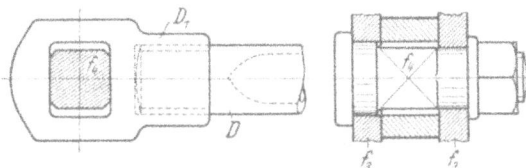

Ist die Kolbenstange an der Platte ohne diese Bewegungsfreiheit festgemacht, so können dadurch nach langem Fahrgebrauch sehr bedeutende Reibungen in der Stopfbüchse entstehen. Bei allen späteren Geschützen, auch bei der Lieferung für Norwegen und England, habe ich diese Vorsichtsmaßregel getroffen.

Die Oberlafette hätte mit ihrem hinteren Ende auch mit dem Rohrboden abschließen können, da das Rohr genügend lang ist, um die ganze Oberlafette unter dem Rohre zu verbergen. Der einzige Grund, der mich davon absehen ließ, war die Befürchtung, daß das aus der Führung heraustretende Rohr in Schwingungen versetzt werden könnte, wodurch sehr große momentan wirkende Reibungsdrucke in den Führungsklauen auftreten und schließlich die ganze Lafette aus der Richtung geworfen werden könnte. Diese Folge hätte aber alsdann das Prinzip des langen Rohrrücklaufes sehr in Mißkredit gebracht. Als jedoch die Erfahrung meine Befürchtung als unnötig erwies, ging ich allmählich von der bisherigen Anordnung ab und ließ zuletzt das Oberlafettenende mit dem Rohrende zusammenfallen.

Die Unterlafette Abb. 1, 2 bestand aus einem gezogenen Stahlrohr G, auf welchem am vorderen Ende das gabelförmige Stück M_0 (Abb. 2a) mittels des hohlen zylindrischen Teiles m_0 befestigt war. Die beiden mit Lagern m_1, m_1 versehenen Arme stellen die Verbindung mit der Lafettenachse M (Abb. 1, 2) her. Diese konnte sich in den Lagern wohl drehen, aber infolge der an ihr angebrachten Bunde m, m (Abb. 2) nicht verschieben.

Zwecks Verbindung der Oberlafette E mit der Achse war an jener
ein Pivotzapfen p befestigt, welcher in der entsprechenden Höhlung p_0
(Abb. 2) der Achse seine Lagerung fand. In der Patentzeichnung ist für
die Aufnahme des Pivotzapfens die Achse mit einem durchgehenden
Loch dargestellt. Bei der ausgeführten Lafette aber war dieses Loch
nicht durchgehend, weil dadurch eine zu große Schwächung der Achse
eintritt und beim Fahren das Mittelteil der Achse infolge der auftretenden Stöße stark beansprucht wird. Die Öffnung nach oben ist insoferne weniger schädlich, weil hier beim Durchbiegen der Achse der
Druck auf den Pivotzapfen übergeht. Im übrigen habe ich die Achse
hohl gehalten, um ein möglichst kleines Gewicht zu erzielen. Am hinteren Ende der Oberlafette war der an ihr befestigte Schlitten R_1 (Abb. 1)
mit Nuten vorgesehen, um das Richtkissen R der Höhenrichtmaschine
aufzunehmen. Anstatt dieses mittels eines massiven Armes mit der
Achse zu verbinden, wie dies bei meinem Projekt Krupp-Haußner der
Fall war, wandte ich hier, um Gewichtserleichterung zu erzielen, zwei
Stangen S an, die in Verbindung mit der Achse ein Strebesystem bildeten und so nur auf Zug und Druck beansprucht wurden. Die zur Verbindung der Streben mit der Achse dienenden Beschläge waren mit
derselben unverrückbar verbunden und bildeten gleichzeitig die Stoß-
scheiben für die Nabe der Lafetteräder.

Die seitliche Verschiebung der Oberlafette wurde durch eine Schnecke
s_0 (Abb. 4) betätigt, deren am Richtkissen gelagerte Welle ein Handrad r
trug. Der an der Oberlafette befestigte Schlitten hatte die entsprechende
Schneckenradverzahnung. Die Seitenschwenkung des Rohres betrug
etwa 3^0 nach jeder Seite.

Die Höhenrichtmaschine Abb. 5 bestand zuerst, wie bereits erwähnt,
aus zwei Zahnstangen, welche am Richtkissen R befestigt waren und
ihren Antrieb durch an der Unterlafette gelagerte Zahnräder erhielten.
Diese Einrichtung wurde aber wegen ihrer leichten Verletzbarkeit
sowohl beim Fahren als auch beim Schießen entfernt und durch eine
Höhenrichtmaschine, wie die Patentzeichnung angibt, ersetzt. Da die
röhrenförmige Unterlafette wegen der darin angebrachten Feder eine
Lagerung in der Mitte nicht zuließ, anderseits aber zwei Richtschrauben
anzubringen zu kompliziert war, so wurde nur eine einseitig angebrachte
Richtschraube vorgesehen. Um nun trotzdem den Druck des Richtkissens in der Mitte aufzunehmen, hat die innere Richtschraube t_0 einen
Arm T erhalten, der in der Mitte des Richtkissens R ein Gleitstück t
aufnimmt. Dieses war durch seine Leiste t_1, welche sich in einer Nut
des Richtkissens führte, imstande, eine Verdrehung des Armes T der
inneren Richtschraube zu verhüten. Zugleich konnte es sich aber relativ
gegen das Richtkissen verschieben. Denn das Richtkissen beschreibt
beim Elevieren des Rohres einen Kreis um die Radachse, während das
Gleitstück t mit dem Arm der inneren Richtschraube sich geradlinig in

Richtung der Richtschraubenachse bewegt. Die äußere Richtschraube wird in der Patentzeichnung mittels des an ihr befestigten Handrades gedreht, während das ausgeführte Geschütz, wie das photographische Bild auf S. 59 zeigt, ein Kegelräderpaar mit Handkurbel zur Bewegung der äußeren Spindel vorsieht.

Ich will hier vorauseilend bemerken, daß bei einer Neuausführung der Oberlafette das Richtschraubenlager, d. i. die Mutter G_1 der äußeren Richtschraube, nicht mehr starr an der Unterlafette befestigt wurde, sondern daß diese Mutter einen rechtwinkelig zur Unterlafette und unter derselben gelagerten Zapfen erhielt. Auch das Gleitstück an dem Richtkissen wurde durch ein an diesem angebrachtes Auge ersetzt, in welchem der Richtschraubenarm T drehbar gelagert war. Auf diese Weise fand beim Elevieren des Rohres ein Verdrehen der Richtschrauben in einer vertikalen zur Unterlafette parallelen Ebene statt, wodurch eine bedeutend einfachere und haltbarere Konstruktion erreicht wurde. Um das Strebesystem für die Seitenrichteinrichtung vollkommener zu erhalten, lagerte ich die beiden Streben nicht mehr in zwei getrennte Zapfen s, s am Richtkissen, sondern in einem in der Mitte des Richtkissens gelagerten Zapfen.

Wenn die Oberlafette E (Abb. 1) beim Geben der Elevation durch die Höhenrichtmaschine auf- oder abwärts bewegt wird, nimmt der Pivotzapfen p der Oberlafette die Achse mit und dadurch nehmen auch die Streben s an der Bewegung teil. Die Achse selbst dreht sich sowohl in den Lagern m_1, m_1 der Unterlafette als auch in den Radbuchsen. Die zum Vorbringen des Rohres nach vollzogenem Rücklauf dienende Schraubenfeder ist in der Unterlafette in vorgespanntem Zustande in einem besonderen Zylinder H gelagert. Durch den leicht lösbaren Bolzen h_1 wird der Federzylinder gegen Längsverschiebung gesichert. Die röhrenförmige Unterlafette G schafft für den im Durchmesser kleiner gehaltenen Federzylinder H und den dadurch entstehenden ringförmigen Zwischenraum einen erhöhten Schutz der Feder gegen Verletzung durch Geschosse und Granatsplitter, denn Einbeulungen der Unterlafette G können infolge dieses ringförmigen Zwischenraumes den inneren Zylinder nicht so verletzen, daß die Bewegung der Feder beeinflußt wird. Die Verbindung des Federkolbens K mit dem beim Schuß zurücklaufenden Teil wird durch ein Drahtseil k hergestellt. Dasselbe war zuerst, wie die Patentzeichnung zeigt, mit dem einen Ende bei k_0 am Rohr und mit dem anderen Ende am Federkolben K befestigt. Die Rolle an der Oberlafette und die an der Unterlafette dienten zur Führung des Seiles. Durch die Befestigung des Seiles am Rohr erzeugte das über den Bremszylinder laufende Seil auf dem Bremszylinder keinen einseitigen Druck und er wurde somit nicht auf Biegung beansprucht.

Die Anbringung der Rolle am vorderen Ende der Oberlafette wäre theoretisch insoferne berechtigt gewesen, als mit der Erhöhung des

Rohres auch die Vorspannung der Feder zugenommen hätte; aber der
bessere Schutz des Seiles gegen feindliche Geschosse war der Grund,
sie unmittelbar hinter den Pivotzapfen der Oberlafette zu setzen. Da
die Durchmesser der Seilrollen wegen des zur Verfügung stehenden
Raumes sehr klein genommen werden mußten, so wurden die äußeren
einzelnen Drähte oder Fasern des Seiles durch den beim Schuß entstehenden Beschleunigungsdruck zu hoch beansprucht und allmählich
gestreckt. Um diesen Nachteil zu umgehen, traf ich alsbald die am
photographischen Bild ersichtliche Änderung. Auf das hintere Ende des
Bremszylinders wurde das mit drei Armen versehene Stützstück lose
aufgesetzt. Die beiden oberen kurzen Arme wurden mittels langer Steh-
bolzen mit dem Rohrboden verbunden, während der untere Arm das
Seilende aufnahm. Auf diese Weise sollte der Zylinder wieder nur auf
Druck, aber nicht auf Biegung durch den Seilzug beansprucht werden. Es
genügte nun die Anbringung einer einzigen Rolle an der Unterlafette,
welche mit einem hinreichend großen Durchmesser ausgeführt werden
konnte. Der Nachteil der Anordnung war aber jetzt die leichte Verletzbarkeit des Seiles durch feindliches Feuer und weiter das unschöne Aus-
sehen; der Vorteil lag jedoch in der besseren Haltbarkeit des Seiles.

Der Sporn an der Unterlafette war nicht, wie die Patentzeichnung
angibt, unbeweglich, sondern wie das photographische Bild darstellt,
umklappbar eingerichtet, damit er beim Fahren kein Hindernis bildete.

Außer einer gewöhnlichen Radreifenbremse besaß die Lafette auch
noch zwei auf der Achse angebrachte Fahrsitze, wie dies das photographische Bild zum Ausdruck bringt. Eine besondere Vorlaufbremse
hatte ich bei diesem ersten in Zella, St. Blasii, hergestellten Geschütz nicht
vorgesehen, sondern es sollte zur Auffangung des Stoßes beim Vorlaufe
ein länglicher, auf der Kolbenstange angebrachter Gummizylinder dienen.
Die Daten des Geschützes waren folgende:

Kaliber	7,6	cm
Rohrgewicht	385	kg
Lafettengewicht einschl. d. Achssitze	550	kg
Gewicht des abgeprotzten Geschützes	935	kg
Feuerhöhe	1	m
Länge des Rohrrücklaufes	1	m
Geschoßgewicht	6,5	kg
Geschoß-Anfangsgeschwindigkeit	530	m
Mündungsenergie	93	mt
Rückstoßenergie des Rohres	1690	mkg

Die angestellten Versuche zeigten, daß der Rücklauf des Rohres von
1 m Länge noch nicht groß genug war, das Bucken beim Horizontalschuß
oder bei tief eingegrabenem Lafettenschwanz vollständig zu verhindern.
Eine längere Unterlafette hätte wohl das Bucken aufheben können; die
Artilleristen waren aber zu dieser Zeit noch zu sehr an die starre Lafette
gewöhnt, bei der der Horizontalabstand zwischen Radmitte und La-

fettenschwanz nur ungefähr 1,7 m betrug. Außerdem bestanden die schon erwähnten, von den Offizieren bei der ersten Gruson-Haußner-Lafette vorgebrachten Einwände auch noch bei dieser Ehrhardt-Haußner-Lafette. Daß es aber unnötige und übertriebene Befürchtungen waren, beweist die heute erfolgte Einführung der langen Unterlafetten bei allen Armeen.

Die Schieß- sowie die Fahrversuche mit diesem Geschütz zeigten, daß es eher zu stark als zu schwach konstruiert war, da kein Teil defekt wurde. Aber bei einem neuen System soll man eben in erster Linie um der Lebensfähigkeit des Systems willen möglichst alle Teile sicher bemessen. Ist dann das Prinzip als aussichtsreich bei den Versuchen hervorgegangen, so kann man wegen der Gewichtserleichterungen auf die minimalsten Abmessungen heruntergehen, ungeachtet, ob bei den Versuchen zur Festlegung des endgültigen Modells der eine oder andere Teil sich deformiert oder schlimmstenfalls bricht. Für das Schießen waren sowohl die Ober- wie auch die Unterlafette in ihren Querschnittsabmessungen noch viel zu stark und was die Beanspruchung beim Fahren betrifft, so konnten nur lange und schwierige Fahrversuche zeigen, ob mit den Abmessungen der Wandstärke noch heruntergegangen werden konnte.

Wie man aus der nebenstehenden Abbildung ersehen kann, legt sich der Schwerpunkt P des Rohres nebst Oberlafette mit der Vergrößerung der Elevation nach rückwärts, was zur Folge hat, daß die Richtmaschine immer schwerer geht. Aber dieser Nachteil hat sich in der Handhabung durch die Bedienungsmannschaft wenig fühlbar gemacht und für die Standfestigkeit des Geschützes beim Schuß war diese Schwerpunktsverlegung keineswegs ungünstig, da ja mit der Elevation die Stabilität des Geschützes beim Schusse sich wesentlich erhöht.

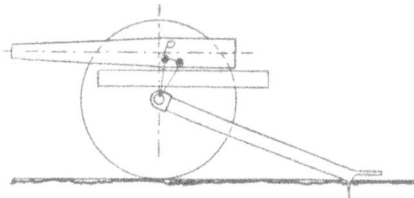

Die hier beschriebene Ausführung des Geschützes mit langem Rohrrücklauf war die unerreicht günstigste in bezug auf das Gewicht, wenn auch nicht auf Einfachheit; denn die Oberlafette war, da sie nur den Bremszylinder, aber keine Federn zu schützen hatte, im Querschnittsumfang am geringsten gegenüber allen später gemachten Ausführungen. Die Unterbringung des Federvorholers in der röhrenförmigen Unterlafette benötigte fast kein Material zur Lagerung und zum Schutze. Außerdem könnte man bei einer Unterlafettenlänge, wie sie die heutigen Rohrrücklaufgeschütze haben, eine sehr lange Federsäule unterbringen und damit einen mehr als nötig langen Rohrrücklauf bewerkstelligen, ohne die Oberlafette viel länger machen zu müssen. Die Verwendung der Lafettenachse als Drehachse brachte das Gewicht der Höhenrichteinrichtung auf ein Minimum. Durch die Verwendung von Streben aus Hohlröhren wurde auch die Seiteneinrichtung auf das kleinste Gewicht gebracht.

Eine einfachere Konstruktion bei so geringem Gewicht und gleichzeitigem Schutz gegen feindliches Feuer ist selbst bis zum Weltkriege nicht aufgetreten. Sind heute kleinere Gewichte erreicht worden, so liegt dies nur in der sehr vorgeschrittenen Verbesserung des Stahlmaterials, was insbesonders für die Vorholfedern zutrifft. Auch ist man mit den Stärkeabmessungen bis an die zulässige Grenze, ja darüber hinausgegangen. Hat es doch z. B. auch bei der deutschen Artillerie im Weltkriege durchgeknickte Lafettenwände gegeben.

Das damals angewandte Drahtseil hatte den von mir gehegten Erwartungen nicht entsprochen. Als Zwischenglied zwischen der Feder und dem zurücklaufenden Rohre hatte es den unleugbaren Vorteil des geringen Gewichtes. Allein infolge des nur kleinen zulässigen Durchmessers der Seilrolle streckte sich das Seil. Außerdem war das vordere freiliegende Stück zwischen Oberlafette und Unterlafette nicht auf einfache Weise gegen äußere Verletzungen zu schützen. Auch die Unterbringung der Feder in der Unterlafette hatte den Nachteil ihres schwierigen Ein- bzw. Ausbringens. Die Feder selbst war ja in der eigentlichen Federröhre schon vorgespannt, aber um diese Federröhre einzubringen, mußte man das obere und untere Ende der Unterlafettenröhre leicht frei machen können. Zu diesem Zwecke war der Lafettenschuh abnehmbar eingerichtet und der Bolzen h_1 in der Patentzeichnung diente sowohl zum Befestigen des Lafettenschuhs als zum Festhalten der Federröhre. Diese Betrachtungen veranlaßten mich zu der Neuerung, die mir durch das deutsche Reichspatent Nr. 95050 vom 12. Februar 1897 patentiert wurde.

Die ineinander geschachtelten Schraubenfedern F_1 und F_2 waren mit entgegengesetzter Windung um den Bremszylinder B gelegt. Zum Einbringen und Vorspannen der Federn war ein leicht lösbares Widerlager L am hinteren Ende der Oberlafette E vorgesehen. Der Patentanspruch, welcher diese Erfindung kennzeichnet, lautet:

»Rücklaufbremse für Geschütze, dadurch gekennzeichnet, daß die den Vorlauf bewirkende, auf dem Bremszylinder sitzende Feder F durch eine Mutter S_1, welche auf einer im Zylinderboden vorübergehend befestigten Spindel S vorgeschraubt wird, gespannt und dann von einem dem Bremszylinder als Führung dienenden, von der Oberlafette E leicht lösbaren Widerlager L in gespanntem Zustande gehalten wird.«

Diese Neuerung war ein wesentlicher Fortschritt gegenüber meiner Anordnung in der Rohrrücklafette Krupp-Haußner vom Jahre 1894, weil dort das Widerlager fest und nicht lösbar mit der Oberlafette verbunden war. Die Feder konnte in diesem Falle nur dadurch eingebracht oder

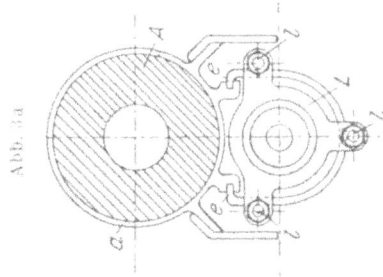

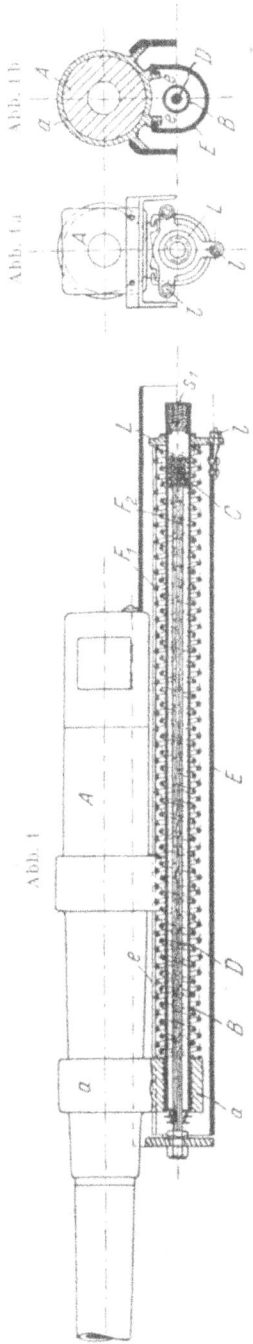

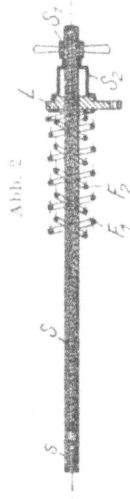

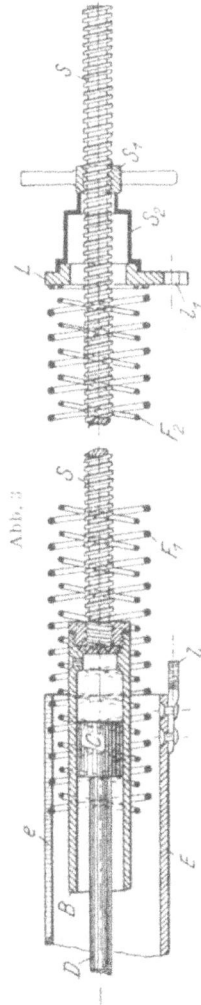

Abb. 1 b

Abb. 1 a

Abb. 3 a

Abb. 1

Abb. 2

Abb. 3

entfernt werden, daß das vordere Ende der Bremskolbenstange von dem in Abb. 3, S. 54; sichtbaren Querstück befreit war, dieses also aus der Oberlafette entfernt wurde. Bei der Montage mußte zunächst das Rohr mit Bremszylinder und der um diesen ungespannt gelegten Feder von vorne in die Oberlafette geschoben werden; alsdann war das Rohr mit großer Kraftanstrengung so lange nach rückwärts zu schieben, bis die Schußstellung des Rohres auf der Oberlafette erreicht war. Erst dann konnte die Verbindung des vorderen Endes der Kolbenstange mit der Oberlafette mittels des Querstücks bewerkstelligt werden. Die von mir im Patente 95050 gebrachte Anordnung haben sich denn alle Konstrukteure von Lafetten mit langem Rohrrücklauf und Federvorholer zum Vorbilde genommen.

Mit der Unterbringung der Feder in der Oberlafette gemäß D. R. P. Nr. 95050 bin ich der praktischen Ausführung vorausgeeilt. Die im Dezember 1896 angemeldeten, schon früher mit Nummern aufgeführten vier deutschen Reichspatente habe ich auf mein Risiko und meine Kosten genommen, da sowohl Klumpp wie auch Ehrhardt sich damals zur Zahlung der Kosten ablehnend verhielten.

Im Frühjahr 1897 hat das bei Ehrhardt von mir zuerst ausgeführte Geschütz mit der Lagerung der Feder in der Unterlafette vor einer preußischen Militärkommission unter dem Vorsitze des Majors Kehrer auf dem Ehrhardtschen Schießstande in Zella, St. Blasii, geschossen. Beim Schießen arbeitete die Lafette ruhig und auch bei einem allerdings kurzen Fahrversuch erwies sie sich als haltbar. Dieses Geschütz kam dann auf den Schießplatz nach Kummersdorf. Von ihm sagte der preußische Kriegsminister von Einem im Reichstage am 11. Dezember 1903, als der bekannte Reichstagsabgeordnete Bebel der Militärverwaltung vorhielt, daß sie in dem Geschütze C/96 — Starres Geschütz mit umklappbarem Sporn — ein vollkommen minderwertiges Geschütz hätte: »Man hat das von Ehrhardt konstruierte Geschütz 97 der Militärverwaltung gezeigt; die Prüfungskommission hat es als einen interessanten Versuch bezeichnet, aber in seiner Konstruktion als ein vollständig kriegsunbrauchbares Geschütz hingestellt, gewissermaßen als die Spielerei eines genialen Ingenieurs. Wenn ich heute (also März 1903, d. Verf.) vor die Wahl gestellt würde, das französische Rohrrücklaufgeschütz oder das preußische Modell 96 (starres Geschütz mit umklappbarem Sporn, d. Verf.) zu wählen, ich nähme das letztere!«

Ein Kommentar ist überflüssig.

Gewiß war diese erste von mir bei Ehrhardt gebaute Lafette noch keine kriegsbrauchbare Waffe, aber die zur Begutachtung des Geschützes berufenen Artilleristen wollten damals von meinem System des langen Rohrrücklaufes deshalb nichts wissen, weil es komplizierter im Aufbau und zu abweichend in der Erscheinung gegenüber der alten starren Lafette war. Aber sie übersahen, daß die Bedienung der alten starren Lafette mühsamer und zeitraubender war als die des Rohrrücklaufgeschützes. Hätte Krupp vom Jahre 1888 ab das Geld und die Mühe statt für das preußische Modell 96 für die Ausbildung des Rohrrücklaufgeschützes verwendet, so hätte er mit seinem weltbekannten vorzüglichen Konstruktionsmaterial und seiner großen Erfahrung gewiß bis zum Jahre 1896 ein zur Einführung reifes Rohrrücklaufgeschütz der deutschen Militärverwaltung anbieten können.

Da die preußische Militärverwaltung in die Massenfabrikation des Modells 96 im Frühjahre 1897 eintrat, erklärte mir nun Ehrhardt, daß es keinen Zweck habe, sich weiter mit dem Rohrrücklauf zu beschäftigen. So kamen dann weitere Änderungen und Verbesserungen bei Ehrhardt vorerst nicht mehr in Betracht. Ich dagegen konnte mich der Ansicht Ehrhardts nicht anschließen, denn ich war immer mehr der festen Überzeugung geworden, daß dem System des langen Rohrrücklaufes über kurz oder lang der Sieg zufallen werde.

Weitere Versuche wurden nun bei Ehrhardt tatsächlich unterlassen. Da im Dezember 1896 die Fahrzeugfabrik Eisenach in Eisenach von Ehrhardt gegründet wurde, so gab es für die Ingangsetzung derselben reichlich Arbeit. Zunächst blieb ich noch in Zella, St. Blasii, um daselbst in den Ehrhardtschen Werkstätten Versuchskonstruktionen im Fahrradbau zu machen. Gegen Juni 1897 siedelte ich dann nach Eisenach über. So verging die Zeit mit Einrichtung der Fahrzeugfabrik, deren Leitung dem Sohne Ehrhardts übertragen wurde. Außerdem wurden ein kaufmännischer Angestellter und ich zu Prokuristen ernannt. Auch mit der Konstruktion von Motorwagen wurde begonnen. Durch die Neuausrüstung der deutschen Artillerie mit dem preußischen Geschütz Modell 96 erhielt auch die Fahrzeugfabrik reichliche Aufträge auf Protzen und Munitionswagen. So verlief die Zeit bis gegen Herbst des Jahres 1898. Ich habe zwar nach verschiedenen Seiten hin versucht, Interesse für mein System zu erwecken, aber es war zu dieser Zeit für ein derartiges Geschütz keines vorhanden.

Die französische Artillerie brachte um diese Zeit ihr Rohrrücklaufgeschütz als Modell C 97 zur Einführung, dessen Detailkonstruktion noch mehr als ein Jahrzehnt für die deutschen Artilleristen ein Geheimnis blieb. So schrieb z. B. der preußische Artillerieoffizier und Schriftsteller, 'Generalmajor a. D. Bahn, noch im November 1911 in den Artilleristischen Monatsheften: »Der französische Vorholer ist in Deutschland ein Jahrzehnt lang für einen Druckluftvorholer gehalten worden. Er ist aber vermutlich ein Federvorholer mit durch hydraulische Übertragung verkürztem Hub.« Frankreich hatte mit der Einführung absichtlich so lange zurückgehalten, bis die deutsche Artillerie in die Fabrikation des starren Geschützes mit umklappbarem Sporn, Modell 96, eingetreten war und somit auf dem betretenen Wege nicht mehr haltmachen konnte. Zu dieser Zeit wurde in allen Staaten die Frage wegen

Anschaffung eines zeitgemäßen Geschützes rege. Ehrhardt gewann nun auch wieder Interesse für das Modell Ehrhardt-Haußner und fragte mich, ob ich mich unterdessen weiter mit dem Geschütz beschäftigt hätte. Er zog mich alsdann zur Fortsetzung der Ausbildung des 1. Modells in Zella, St. Blasii, heran. Die vorhandene Lafette mit dem Federvorholer in der Unterlafette wurde nun umgebaut. Ich griff zunächst auf mein D.R.P. Nr. 95050 vom 12. Februar 1897 »Geschützrücklaufbremse mit Vorrichtung zum Einbringen und Spannen der Feder« zurück. Wie ich bereits auf S. 68 beschrieben habe und die Zeichnungen der Patentschrift dort erkennen lassen, bestand der Federvorholer aus ineinandergeschachtelten, um den Bremszylinder gelegten Schraubenfedern mit rundem Drahtquerschnitt. Für die Ausführung wählte ich drei ineinandergeschachtelte Federn. Das vordere Widerlager der vorgespannten Feder bildete die Rohrklaue a (Abb. 1), in welcher der Bremszylinder eingeschraubt war und das hintere Widerlager die an der hinteren Stirnfläche der Oberlafette mittels lösbarer Schrauben l befestigte Platte L. Die zum Vorbringen des Rohres A nach dem Rücklaufe dienenden Federn F_1, F_2 werden von hinten aus über den Bremszylinder B bis zur vorderen Rohrklaue a geschoben und soweit gespannt, daß das Widerlager L mittels der Schrauben l an der Oberlafette bequem befestigt werden kann.

Die Lösbarkeit des Widerlagers hat die wesentliche Aufgabe, das Einbringen und Spannen der Federn auf leichte Weise zu ermöglichen, und zwar mit Hilfe der in Abb. 2 und 1a, 3 und 3a veranschaulichten Spannvorrichtung. Dieselbe besteht aus der Schraubenspindel S, deren Spannmutter S_1 und dem Bock S_2. Die Spindel S (Abb. 2 und 3) wird zum Einbringen der Federn mit ihrem Gewinde s in das Muttergewinde s_1 des hinteren Bremszylinderdeckels eingeschraubt. Nachdem die Federn F_1, F_2 (Abb. 1, 3) über den Bremszylinder B bis zur Rohrklaue a und das Widerlager L samt Bock S_2 auf die Spindel S geschoben sind, erfolgt durch die Spannmutter S_1 so lange eine Vorwärtsbewegung des Widerlagers L und somit ein Spannen der Federn, bis durch die Schraubenlöcher l_1 (Abb. 2 und 3) des Widerlagers L die an der Oberlafette sitzenden Schraubenbolzen l treten und das Widerlager L durch die zu l gehörigen Schraubenmuttern mit der Oberlafette E fest verbunden werden kann. Das Herausnehmen der Federn erfolgt in umgekehrter Weise. Wie man sieht, ist die Aufgabe des Einbringens und Spannens der Feder ohne Bewegen des Rohres für langen Rohrrücklauf in einfacher und handlicher Weise bei einer derartigen Anordnung gelöst worden.

Die Aufgabe, die ich im Verlaufe der Durchbildung des langen Rohrrücklaufes löste, bestand in der Verbindung folgender Einzellösungen:

a) Die Verbindung des Bremszylinders mit dem Rohre und der Kolbenstange mit der Oberlafette herzustellen, um die Rückstoßenergie des Rohres möglichst zu verringern.

b) Die Schraubenfeder nur auf Druck zu beanspruchen, um selbst bei einem Bruche derselben das Schießen fortsetzen zu können.

c) Die Lagerung der Feder direkt um den Bremszylinder, um eine weitere Federstütze zu umgehen.

d) Die Verwendung eines leicht lösbaren Federwiderlagers, um die Vorholfeder, ohne das Rohr zu bewegen, bequem in die Oberlafette ein- und herauszubringen.

e) Die Herstellung der Oberlafette aus Stahl derart, daß sie den Bremszylinder bzw. auch die ihn umgebenden Federn, in einem solchen Abstande umschließt, daß mögliche Einbeulungen der Oberlafette durch Infanteriegeschosse und Granatsplitter das Funktionieren des Geschützes nicht hindern.

f) Der Schutz der Gleitflächen durch am Rohr befestigte Panzerbleche, gleichfalls in einem solchen Abstand, daß Einbeulungen nicht stören.

Alle später entstandenen und zur Einführung gebrachten Feldlafetten mit langem Rohrrücklauf und Federvorholer sind diesem Vorbilde mehr oder minder nachgebildet worden, obwohl sie teilweise in Einzelheiten noch besser sein mögen. Dies ist ein Beweis dafür, daß mein Weg bei der mir gestellten Aufgabe, ein Feldgeschütz ohne Rücklauf zu schaffen, von der Idee des Systems des langen Rohrrücklaufes und dem darauf in meiner Denkschrift niedergelegten Beweise der Ausführbarkeit an bis zur Ausbildung eines kriegsbrauchbaren Rohrrücklaufgeschützes ein zielbewußter und kein Irrweg war. Alle Geschützkonstrukteure, die auf anderem Wege ein brauchbares Feldgeschütz finden wollten, wie beispielsweise durch elastische Sporne, Stauchlafetten usw., mußten diesen Weg verlassen, da sie kein befriedigendes Resultat erreichen konnten, und auf mein System zurückkommen. Es sind seit Abfassung meiner Denkschrift nunmehr 40 Jahre verflossen. Dazwischen liegt der Weltkrieg mit seiner ausschließlichen Verwendung dieses Systems des langen Rohrrücklaufes bei allen beteiligten Nationen, ohne daß es trotz aller Erfahrungen durch ein anderes System bis heute überholt werden konnte.

Da die Feldlafette bei ein und demselben Rücklauf um so mehr am Bucken, d. h. am Springen der Räder um den Lafettenschwanz als Drehpunkt gehindert wird, je länger die Unterlafette bzw. die horizontale Entfernung der Radachse vom Lafettenschwanz ist, so sucht man naturgemäß diese Länge möglichst groß zu machen. Nun waren aber die früheren starren Lafetten kurz, um eine zu große Beanspruchung derselben auf Stauchung zu vermeiden; weiter erreichte man dadurch eine gute Lenkbarkeit. Wie schon hervorgehoben, widersetzten sich damals die Artilleristen der Idee, die Unterlafette länger zu machen. Erst als später Krupp mit einer bedeutend längeren Unterlafette hervortrat und auch andere Kanonenfabriken dies taten, mußten die Artilleristen ihren Widerstand aufgeben. Selbstverständlich ist die lange Unterlafette einfacher und leichter als eine Teleskoplafette. Um nun aus diesem Dilemma herauszukommen, bildete ich die röhrenförmige Unterlafette teleskopartig aus. Ich habe schon bemerkt, daß ich bei dem ersten Projektentwurf Gruson-Haußner bereits eine verlängerte Unterlafette ins Auge gefaßt hatte. Damals sah ich aber von einer praktischen Ausführung ab, weil die aus Stahlblech gebördelten Lafettenwände sich nicht gut zum teleskopartigen Verlängern eigneten. Mit Rücksicht darauf, daß der hintere Teil der Unterlafettenröhre mehr dem Schmutz ausgesetzt ist als der vordere, traf ich die Einrichtung derart, daß das mit dem Lafettenschuh verbundene hintere Rohrstück sich über das vordere Rohrstück schieben konnte.

Für das Fahren wurde die Lafette verkürzt und für das Schießen, wenn die Lafette bei geringer Elevation des Rohres auf nach rückwärts abfallendem Gelände stand, diente die verlängerte Unterlafette. Zur Verbindung der beiden Unterlafettenteile waren in der vorderen Röhre zwei Löcher und in der hinteren Röhre ein Loch mit Schlüsselbolzen vorgesehen. Es konnte aber sowohl ab- wie aufgeprotzt die Verlängerung oder Verkürzung von ca. 700 mm leicht bewerkstelligt werden. Die später auf S. 86 dargestellte, in Norwegen 1901/02 zur Einführung gebrachte Feldlafette war mit dieser Einrichtung ausgestattet und in den Versuchen hat sich kein Anstand in bezug auf Bedienung und Haltbarkeit ergeben.

Die Erfindung meldete ich unterm 28. März 1899 beim deutschen Patentamte an. Sie trug das Aktenzeichen H 21905 III/72. Durch den Einspruch Krupps kam es jedoch nicht zur Erteilung eines Patentes, und zwar mit Rücksicht auf ein Dreigestell für die Maximlafette (engl. Patent Nr. 16081 vom 22. 9. 1891), welches gleichfalls ausziehbare Röhren hatte. Meine Anmeldung war infolge der Unkenntnis des Maximschen Patentes ungeschickt abgefaßt. Hätte der Patentanspruch auf eine »Räderlafette mit langem Rohrrücklauf in Verbindung mit ausziehbarem Lafettenschwanz zur Erreichung eines vollkommen ruhig arbeitenden Geschützes« gelautet, so hätte ich ein Patent wohl trotzdem erreicht. Auf denselben Gedanken mit mehreren Ausführungsbeispielen wurde mir das englische Patent Nr. 15716 von A. D. 1900 erteilt.

Die nachstehende Skizze zeigt die zweite Ausführung des Ehrhardt-Haußnerschen Geschützes mit verlängerbarer Unterlafette. Die wichtigsten Daten sind folgende.

Kaliber des Rohres	7,6	cm
Gewicht des Rohres	385	kg
Gewicht der Lafette	580	kg
Gewicht des abgeprotzten Geschützes	965	kg
Feuerhöhe	1000	mm

Unterlafette um ca. 600 mm verlängerbar.

Länge des Rohrrücklaufes . . . . 1100 mm
Geschoßgewicht. . . . . 6,5 kg
Anfangsgeschwindigkeit . . . . 550 m
Mündungsenergie des Geschosses . . . . 100 mt
Rückstoßenergie des Rohres . . . . 1840 mkg

Beim Rücklauf des Rohres stand die Lafette bei Elevation des
Rohres von 0⁰ und bei horizontalem Boden ruhig. Beim Vorlaufe des

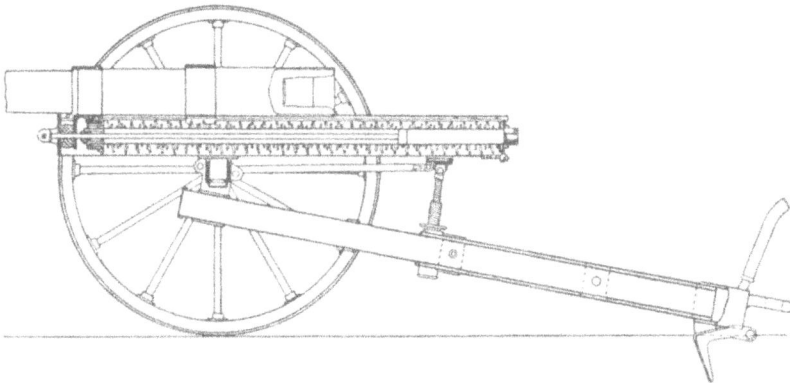

Rohres genügte jedoch der vorgesehene Gummipuffer nicht, um den
Stoß derart zu mildern, daß die Lafette nicht aus der Richtung gebracht
worden wäre. Ich brachte deshalb eine besondere innerhalb des Bremszylinders A liegende Vorlaufbremse an, wie nebenstehende Abbildung
zeigt. Diese bestand darin, daß am Bremskolben K ein Dorn D, der

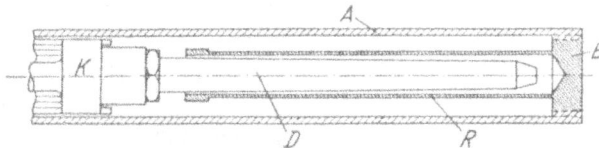

sog. Vorlaufdorn, und am hinteren Bremszylinderdeckel B ein Brems-
rohr, das sog. Vorlaufbremsrohr R, angebracht wurden. Im letzten
Teile des Vorlaufes trat dann der Dorn in das Vorlaufbremsrohr ein
und mußte durch den immer enger werdenden Zwischenraum zwischen
Dorn und Zylinder die Flüssigkeit hinauspressen. Der Bremsweg war
ungefähr 400—500 mm lang. Der in jeder Stellung freibleibende Querschnitt zwischen Bremsrohr und Dorn war der Verlegung des Schwerpunktes des ganzen Geschützes nach vorne entsprechend so groß gehalten, daß der auftretende Druck den Lafettenschwanz nicht vom
Boden abhob.

Zwecks weiterer Gewichtsverminderung der Lafette mußte ich einzelne Teile in ihren Abmessungen noch reduzieren. Zur Umgehung des

Gewichtes von Bremsdorn und Bremsrohr für den Vorlauf und um diesen noch ruhiger zu gestalten, stellte ich eine neue Vorlaufbremse her, die während des ganzen Vorlaufes bremste. Die Neuerung wurde mir unter deutschem Reichspatent Nr. 157968 vom 25. April 1901 geschützt und weiter durch das englische Patent Nr. 22386 A. D. 1901. Wie die Abb. 1—2 erkennen lassen, besteht der Bremskolben aus zwei mit Durchflußöffnungen h, h bzw. i, i versehenen, auf der Kolbenstange P drehbar, aber nicht verschiebbar gelagerten Scheiben H und J. Von ihnen wird die eine, H, in zwei geraden h^1, h^1, die andere, J, in zwei schraubenförmig gewundenen Nuten i^1, i^1 des im übrigen glatt gehaltenen Bremszylinders K derart geführt, daß die Öffnungen beider Scheiben einen bei der Rücklaufbewegung sich ändernden Durchgangsquerschnitt Q für die Bremsflüssigkeit bilden. Auf der hinteren Kolbenseite befindet sich auf der Kolbenstange die sog. Drosselscheibe L (Abb. 2 u. 3). Diese hat auf der Kolbenstange eine begrenzte Bewegungsfreiheit in axialer Richtung, kann sich aber nicht um diese drehen, weil die Leiste l der Drosselscheibe in die Nute n der auf der Kolbenstange mittels Gewinde befestigten Hülse N eingreift. Beim Rohrrücklauf in Richtung des Pfeiles G hebt sie sich infolge des durch die Kolbenscheiben strömenden Glyzerins unter Zusammendrücken der Feder M soweit ab, daß sie diesem den Durchfluß gestattet. Beim Vorlaufe des Rohres in Richtung des Pfeiles F preßt die Flüssigkeit die Drosselscheibe fest gegen die hintere Kolbenscheibe, so daß während des ganzen Vorlaufes nur ein ganz bestimmter gewollter Querschnitt O, O zum Durchströmen der Flüssigkeit freigegeben ist.

Die Kolbenstange selbst ist in ihrer Lagerung an der vorderen Platte der Oberlafette leicht drehbar befestigt, so daß der Vorlauf-Querschnitt und damit der Bremswiderstand beim Vorlauf beliebig vergrößert oder verkleinert werden kann. Die Feder M ist für das Funktio-

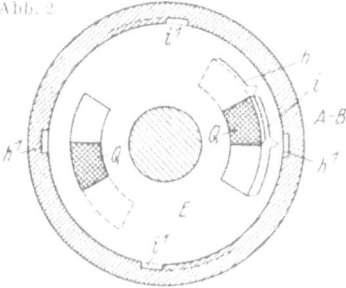

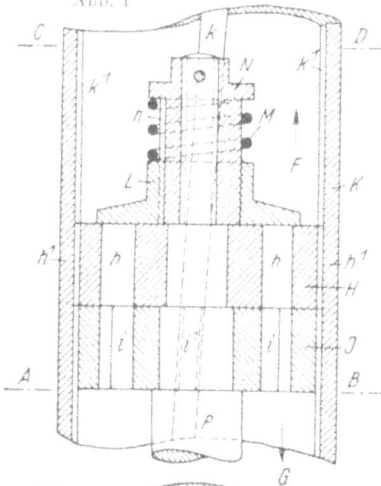

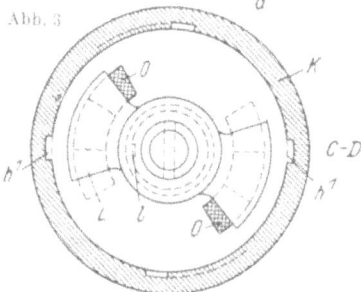

nieren nicht nötig. Sie hat vielmehr nur die Aufgabe, beim Fahren des
Geschützes eine unnötige Bewegung der Drosselscheibe zu verhindern.
Diese Vorlaufbremsanordnung kann man auch so einrichten, daß das
Rohr allmählich ganz zur Ruhe kommt und so jeder Stoß vermieden ist.
Es war nur nötig, die Drosselscheibe anstatt in einer zur Bremszylinderachse parallelen Nut in einer Schraubennut der Bremszylinderwandung
zu führen, so daß ein allmählicher Abschluß des Durchflußquerschnittes O
beim Vorlauf des Rohres herbeigeführt wird. Da ich bald nach dieser
Neuerung aus dem Ehrhardt-Konzern ausschied, weiß ich nicht, ob man
von diesem Gedanken in einer weiteren Ausführung Gebrauch gemacht
hat. Ich glaube jedoch nicht, denn der spätere Chef-Konstrukteur Völler
schrieb mir damals nach Buenos Aires, daß keiner der Konstrukteure
wisse, wie die Durchflußöffnungen für die beiden Kolbenscheiben für den
Rücklauf berechnet werden müßten. Infolgedessen dürfte diese Kolben-
konstruktion auch verlassen worden sein.

Noch ist zu erwähnen, daß dieses Geschütz mit vier ineinander
geschachtelten Vorholfedern etwa 1250 mm Rohrrücklauf hatte, wodurch
ein Ruhigstehen des Geschützes auch bei Aufstellung auf Hängen und
beim Schießen mit Depression erreicht wurde.

Da das Geschütz nunmehr sich so ruhig verhielt, konnte man auch
zur Anbringung von Schutzschilden und zwei Lafettensitzen für den
Richtkanonier und den Verschlußwart übergehen.

Durch diese organische Entwicklung des Systems des langen Rohrrücklaufes mit Vorholfeder war nunmehr ein für die Truppe brauchbares
Geschütz geschaffen; denn 1. arbeitete es ohne Rücklauf der Lafette
und ohne Bucken, 2. waren seine empfindlichen Teile gegen Infanteriegeschosse, Schrapnellkugeln und Granatsplitter sozusagen unverwund-
bar und 3. war das Geschützgewicht auf ein Maß gebracht, welches selbst
die starre Lafette bei gleicher ballistischer Leistung nicht zu unterbieten
vermochte. Natürlich konnte durch die stetige Verbesserung des Stahlmaterials eine weitere Gewichtsverminderung aller Teile, also auch des
ganzen Geschützes erreicht werden. Verschiedene Verbesserungen konnten zu noch vollkommeneren Geschützen führen und haben auch dazu geführt. Aber der Typ für das System des langen Rohrrücklaufes mit Federvorholer war geschaffen und konnte als brauchbares Modell für einen
noch vollkommeneren Ausbau dienen. Man mag einwenden, daß nach dem
Ausspruche Ben Akibas »Alles schon dagewesen sei«, denn der Aufbau
enthält tatsächlich schon vorher bekannte Details. Gewiß, ich habe bei
den späteren Patentprozessen, in deren Verlauf alles hervorgeholt wurde,
auch gefunden, daß der oder jener Teil da oder dort schon, jedoch ohne
daß ich Kenntnis davon hatte, verwendet worden ist. Aber keiner
von den Sachverständigen, Juristen und Konstrukteuren, hat vor
mir jene Details beim Bau eines Geschützes verwendet, sondern
sie haben alle erst gewartet, bis ich es tat. Nachahmen und nach-

trägliches Besserwissenwollen ist eben leichter als schöpferisch tätig zu sein.

Die Zeit, die ich zur Entwicklung meiner Erfindung benötigte, war gewiß lang; von der Idee eines Feldgeschützes ohne Rücklauf bis zu einer für die Truppe geeigneten Feldlafette vergingen 13 Jahre, nämlich vom Sommer 1888—1901. Da ich aber aus eigenen Mitteln diese Erfindung nicht selbständig gestalten konnte, Krupp nichts davon wissen wollte und Ehrhardt nach Einführung des deutschen Modells C/96 sich ebenfalls eine Zeitlang ablehnend verhielt, so war viel kostbare Zeit dabei verlorengegangen. Die Aufgabe, die ich mir gesetzt hatte, war schwer. Ich wußte dies. Aber »Auf einen Hieb fällt kein Baum«.

Wie schon früher erwähnt, kam im Herbste 1898 die Feldgeschützfrage wieder in Fluß, nachdem Deutschland und Frankreich bereits in die volle Fabrikation ihres neuen Materials eingetreten waren. Geheimrat Heinrich Ehrhardt als Vorsitzender des Aufsichtsrates des Ehrhardt-Konzerns war der spiritus rector für diese Werke und ein in Geschäften sehr gewandter Großindustrieller, der es verstand, geeignete Verbindungen anzuknüpfen, Geschäfte anzubahnen und auch zu machen. Er wußte in geschickter Weise mit den maßgebenden Persönlichkeiten in Unterhandlungen zu treten mit dem Erfolg, daß sie dem zur Einführung allmählich reifen Rohrrücklaufgeschütz Beachtung schenkten. Es interessierten sich vor allem Türkei, Schweiz, Norwegen, England, Rußland und auch die Vereinigten Staaten. Teilweise waren sie unentschlossen, ob sie sich für starre Geschütze mit elastischem Sporn oder für das System des langen Rohrrücklaufes mit Feder- oder Luftvorholer entscheiden sollten.

Da die Konstruktionsarbeiten wegen der verschiedenen Wünsche dieser Staaten in bezug auf Leistung der Geschütze natürlich sehr anschwollen, auch Protzen und Munitionswagen zu bauen waren, war ich nicht mehr imstande, die Durchbildung aller Details wie bisher auszuführen und zog im Frühjahr 1899 nach vorhergehender Besprechung mit Ehrhardt den mir von Krupp her als tüchtigen Konstrukteur bekannten Ingenieur Robert Koch heran. Derselbe trat am 2. März 1899 seinen Dienst in der Fahrzeugfabrik Eisenach an. Da die Türken außer einem Rohrrücklaufgeschütz auch eine starre Lafette mit elastischem Sporn sehen wollten, beauftragte mich Ehrhardt brieflich zur Konstruktion einer solchen. Er ließ mir zu diesem Zwecke unterm 3. März 1899 den Entwurf des sog. Doppelsporns zugehen. Abb. 1 und 2 stellen den in der Fabrik zur Ausführung gebrachten Doppelsporn dar und soll zum besseren Verständnis entsprechend dem späteren deutschen Patente Nr. 113507 vom 4. Mai 1899 hier kurz beschrieben werden:

Für Schnelladelafetten ist es von wesentlicher Bedeutung, einen Sporn anzubringen, der allen Anforderungen in betreff des Rücklaufes und des Vorlaufes genügt, ohne daß besondere Klemm- oder sonstige Hemmvorrichtungen vorgesehen sind. Diesen Bedingungen soll der Doppelsporn vorliegender Erfindung genügen.

Derselbe besteht aus zwei als zweiarmige Hebel ausgeführten Spornen a und d, welche durch eine Stange g miteinander verbunden sind und von denen der eine unter der Wirkung einer Feder h steht, die beim Rückstoße des Geschützes gespannt wird, also einen Teil der Energie des sich rückwärts bewegenden Geschützes aufnimmt, um diese zum Wiedervorwärtsbewegen der Lafette nach dem Rückstoße wieder abzugeben. Bei diesem Vorwärtsbewegen dient der eine Sporn d als Bremsmittel.

Die Einrichtung ist im wesentlichen folgende: Der Sporn a ist um einen Schlüsselbolzen b drehbar und mit seinem Arme a_1 durch Zapfen g_1 mit einer Stange g verbunden. Um die Achse e ist der als doppelarmiger Hebel ausgebildete Sporn d drehbar, der mit seinem hinteren Ende an dem Bolzen c_1 der Verbindungsstange g angelenkt ist. Auf der Achse e sitzt zwischen den Lagern f die Federnuß e_1, um welche die Spiralfeder h gewunden ist, die mit ihrem äußeren Ende an der Regulierschraube i befestigt ist.

Der Sporn a wird vor dem Schießen in den Erdboden eingetrieben. Durch den Rückstoß wird die Lafette zurückgeschoben und der Sporn a um den Schlüsselbolzen b gedreht, so daß derselbe aus der in Abb. 1 dargestellten Lage in diejenige der Abb. 2 gelangt. Durch diese Drehung des Spornes a wird die Verbindungsstange g angezogen. Dieselbe zieht den Hebelarm c des Sporns d nach oben, so daß dieser Sporn d selbst in den Erdboden einschlägt und somit

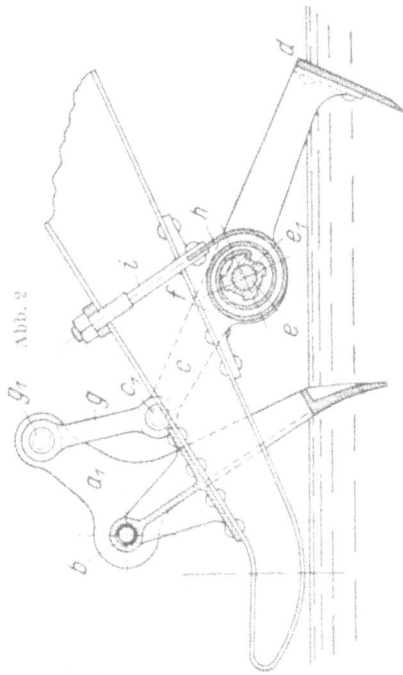

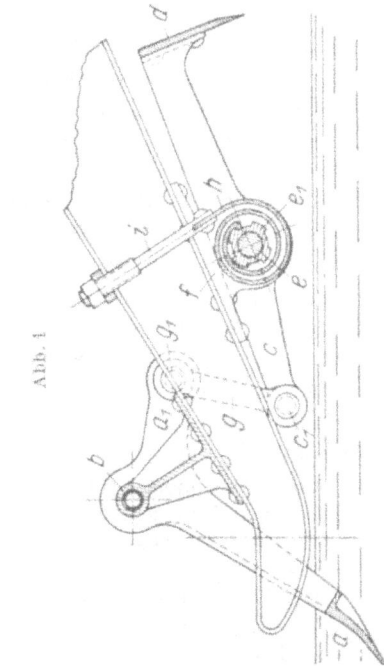

für den Rückstoß bremsend wirkt. Gleichzeitig wird auch die Feder h dadurch gespannt und damit ein Teil der Energie des Rückstoßes aufgenommen.

Nach dem Rückstoß wird mittels der gespannten Feder h die Lafette wieder vorgeschoben und die beiden Sporne nehmen wieder die in Abb. 1 dargestellte Lage ein.

Da Ehrhardt anordnete, daß mehrere starre Lafetten mit diesem Doppelsporn ausgeführt werden sollten, ich aber die Konstruktion nicht für brauchbar hielt, so beauftragte ich Koch, außer der Konstruktion der Lafetten mit Doppelsporn auch eine Lafette mit einer durch den Sporn betätigten Reibungsbremse auszuführen. Zu diesem Zwecke brachte ich das Holzmodell einer Reibungsbremse in die Fabrik, welche ich schon bald nach Beginn meiner Studien des Rohrrücklaufgeschützes erdacht hatte und die die Glyzerinbremse ersetzen sollte. Jenes Modell hatte ich bereits anfangs 1893 durch einen Tischler in Ingolstadt ausführen lassen. Die Erfindung ist mir später durch das D. R. P. Nr. 149585 vom 20. November 1900 geschützt worden. Sie war derart eingerichtet, daß mit zurücklaufendem Rohr, also mit Verlegung des Gesamtschwerpunktes des Geschützes nach rückwärts, sich die Reibung entsprechend verminderte. Beim Vorlauf lösten sich die Bremsbacken automatisch, so daß die Reibung für den Rohrvorlauf gering war und sogar auf 0 gebracht werden konnte. Abb. 1—8 zeigen das Holzmodell.

Der Patentanspruch lautete folgendermaßen:

Reibungsbremse zum Regeln des Rück- und Vorlaufs bei Geschützen mit selbsttätiger Rücklaufhemmung und selbsttätigem Vorlauf, bei welcher die Bremsstange in einem federbelasteten Lager gleitet, dadurch gekennzeichnet, daß die Bremsbacken H, deren Innenflächen entsprechend der prismatischen Bremsstange Keilnutenform haben, während die entgegengesetzten Flächen einen Keilwinkel mit der Bremsstange bilden, in der Längsrichtung verschiebbar gelagert sind und durch federbelastete, mit entsprechenden Keilflächen versehene Druckbacken J zusammengedrückt werden, wobei der Reibungswiderstand zwischen Bremsstange und Bremsbacken größer ist als zwischen Bremsbacken und Druckbacken, so daß die ersteren beim Schuß von der Bremsstange mitgenommen und die Federn i_2 der Druckbacken zusammengedrückt werden, während dieselben beim Vorlauf wieder entlastet werden zu dem Zweck, den Vorlauf nicht zu hemmen.

In der Zeichnung gibt Abb. 1 das Rohr mit der Bremseinrichtung in Hinteransicht, Abb. 2 in Seitenansicht; Abb. 3 und 4 stellen die Bremseinrichtung im Grundriß dar, wobei nach Abb. 4 das Rohr ein kurzes Stück zurückgegangen gedacht ist.

Die Abb. 5—8 zeigen die Brems- und Druckbacken.

Die Bremsstange A hat parallelogrammförmigen nach vorne an Stärke abnehmenden Querschnitt — Abb. 5 und 6 mit den Querschnitten YY und XX in

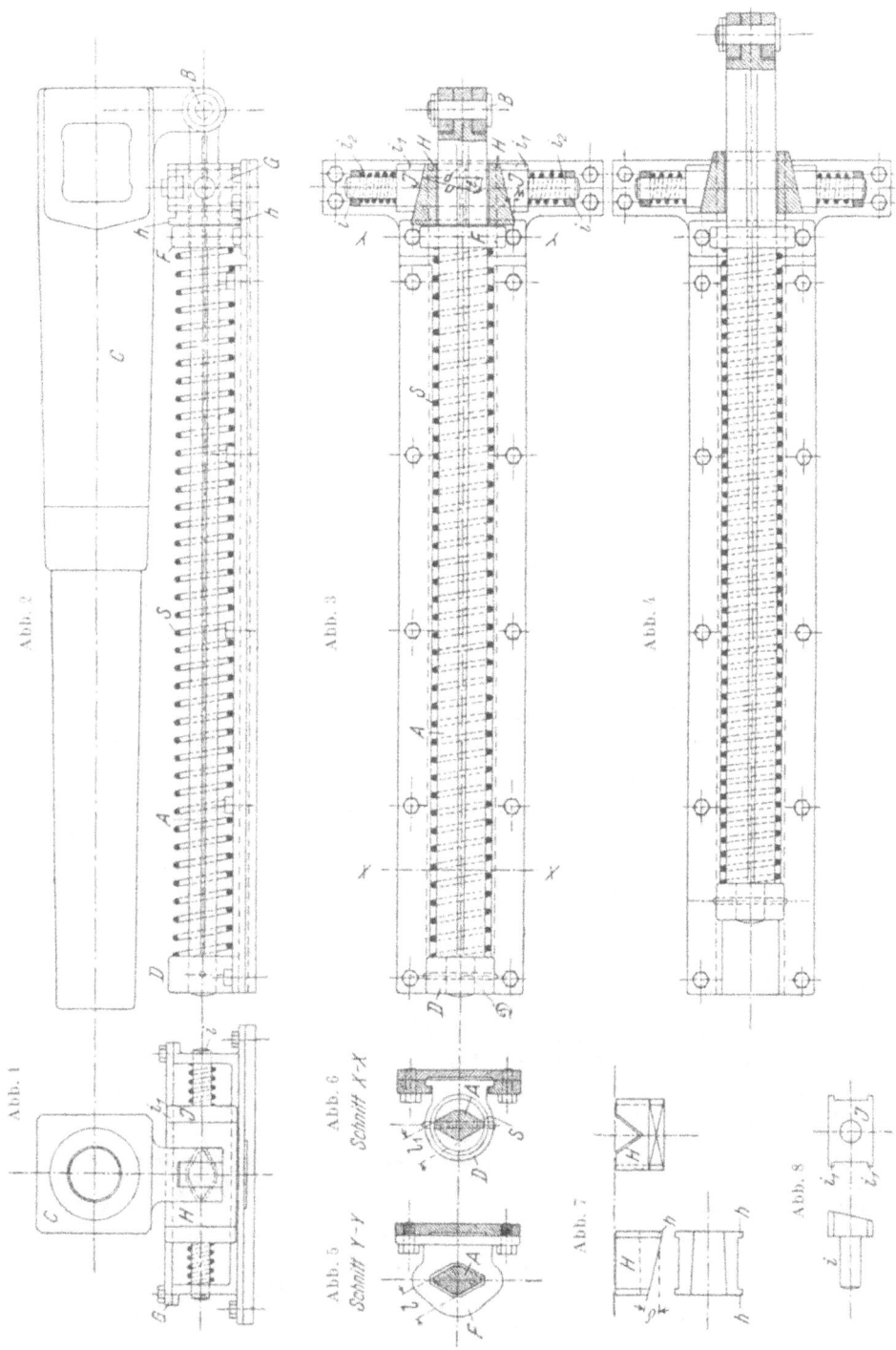

Abb. 1
Abb. 2
Abb. 3
Abb. 4
Abb. 5 Schnitt Y—Y
Abb. 6 Schnitt X—X
Abb. 7
Abb. 8

Abb. 3 — und ist bei B mit dem Rohre C verbunden — Abb. 2 und 3. — Am vorderen Ende wird die Bremsstange A durch den mit ihr festverbundenen Schlitten D und am hinteren Ende in dem unbeweglichen Federlager F geführt — Abb. 1—4.

Das Bremslager G nimmt die Bremsbacken H auf, welche der Bremsstange mit der inneren Fläche angepaßt und mit der äußeren Fläche gegen die Bremsstange geneigt sind — Abb. 7. Auf die äußeren Flächen der Bremsbacken legen sich die Druckbacken J — Abb. 8 —, welche genau dieselbe Schräge auf der Seite zeigen, wo sie sich an die Bremsbacken anlegen — Abb. 3 und 4. Die äußeren Flächen der Druckbacken endigen in Zapfen i, um welche die Druckfedern i_2 gelagert sind. Während die Flanschen i_1, i_1 — Abb. 8, 3 und 4 — der Druckbacken J in Verbindung mit den Zapfen i, i derselben nur eine Bewegung rechtwinkelig zur Bremsstange ermöglichen, können sich die Bremsbacken H selbst sowohl rechtwinkelig zur Bremsstange als auch längs derselben bewegen. Dies wird dadurch ermöglicht, daß der lichte Abstand der Flanschen h, h voneinander größer ist als die Länge des Bremslagers G beträgt. — Abb. 7, 3 und 4.

Die Wirkungsweise dieser Einrichtung ist nun folgende:

Beim Schuß läuft das Rohr C mit der Bremsstange A zurück und es wird zwischen den Bremsbacken H und der Bremsstange A infolge des Druckes der Federn i_2 Reibung erzeugt. Da die Reibung zwischen Bremsstange A und Bremsbacken H infolge der Keilform ihrer Querschnitte eine bedeutende ist und je nach Wahl des Keilwinkels gesteigert werden kann, so daß dieselbe größer ist als der Längswiderstand zwischen Bremsbacken H und Druckbacken J, welcher sich aus der durch die Normalkomponente hervorgerufenen Reibung zwischen den schrägen Berührungsflächen und der Tangentialkomponente des Federdruckes zusammensetzt, so werden die Bremsbacken von der Bremsstange mitgenommen, bis die vorderen Flanschen h (Abb. 1, 7) der Bremsbacken H sich an das Bremslager G anlegen (Abb. 4). Dadurch wird aber die Feder i_2 noch stärker zusammengedrückt und das Maximum des Reibungswiderstandes erzeugt. Beim weiteren Zurückgehen des Rohres wird der Reibungsdruck wegen des abnehmenden Querschnitts der Stange A allmählich verringert. Die allmähliche Abnahme des Querschnittes der Stange ist aus den Abb. 5 u. 6 ersichtlich, welche die Schnitte nach x—x und y—y in der Abb. 3 darstellen, denn l ist größer als l_1. Infolgedessen werden beim Rücklauf die Bremsbacken dieser Abnahme des Querschnittes entsprechend mehr nach der Mitte durch die Federn i bewegt und da sich dieselben hierdurch ausdehnen, so nimmt damit zugleich der Reibungsdruck beim Rücklauf ab. Diese allmähliche Verminderung des Reibungswiderstandes beim Rücklauf ist zunächst notwendig wegen der Schwerpunktsverlegung des ganzen Geschützes nach dem Lafettenschwanz zu und dann auch deshalb, weil die Reibung bekanntlich um so größer, je kleiner die Geschwindigkeit ist.

Zum Vorbringen des Rohres dient die Feder S, welche um die Bremsstange gelegt ist und sich beim Rücklauf des Rohres infolge des mit zurückgleitenden Schlittens D und des unbeweglichen Widerlagers F zusammendrückt und so den Akkumulator für den Vorlauf bildet. Bei Beginn des Vorlaufes durch die gespannte Feder S wird, weil die Reibung zwischen Bremsstange A und Bremsbacken H größer ist als zwischen Bremsbacken H und Druckbacken J und weil außerdem die Tangentialkomponente des Federdruckes hinzukommt, der Bremsbacken H solange mitgenommen, bis die hintere Flansche h an der hinteren Seite des Bremslagers G anliegt, also die Lage, wie sie Abb. 2 und 3 darstellen, wieder erreicht wird. Es sind nun die Federn i_2 am wenigsten gespannt, die Reibung zwischen Bremsstange und Bremsbacken mithin am geringsten.

Anstatt diese Vorrichtung in Gestalt einer Rohrbremse zu verwenden, kann man sie natürlich auch am Lafettenschwanz anbringen.

Nach diesem Patente oder vielmehr diesem Holzmodelle wurde die hier im photographischen Bilde dargestellte starre Lafette dazumal angefertigt. Meines Erinnerns betrug der Rücklauf der Lafette ungefähr 350 mm. Der Sporn führte eine Drehbewegung relativ zur Lafette aus und die Reibungsbremse war zwischen den Lafettenwänden eingebaut und nach unten gegen Schmutz abgedeckt. Als Federn für die Bremsbacken dienten Belleville-Federn, die man auf ein beliebiges Maß von Vorspannung jederzeit einstellen konnte. Da die Lafette zunächst einer türkischen Kommission vorgeführt wurde, führte sie in der Fabrik allgemein den Namen »Türkische Lafette«.

Diese mit einem oszillierenden Sporn verbundene Reibungsbremse arbeitete auf dem Schießplatz Unterlüß in der Lüneburger Heide tadellos und versagte nie. Die Rücklaufenergie der Lafette wurde zum größten Teile durch die Bremse aufgezehrt und die durch den Rücklauf stark gespannte Feder, welche um die Bremsstange angebracht war, warf die Lafette wieder in ihre frühere Stellung zurück. Der Ehrhardtsche Doppelsporn dagegen arbeitete nur, wie vorauszusehen war, wenn er ein geeignetes Erdreich vorfand, ähnlich wie es die Pflugschar zum Pflügen des Bodens voraussetzt. Die Arbeit oder Energie, die er beim Rücklaufe des Geschützes verzehren konnte, war eben ganz von der Bodenbeschaffenheit abhängig. Bei steinigem und hartem Boden konnte er überhaupt nicht funktionieren. Der Sporn mit Reibungsbremse dagegen war zwar ebenfalls aber doch viel weniger vom Terrain abhängig. Außerdem konnte man während des Schießens leicht durch mehr oder weniger Vorspannen der Belleville-Federn den Widerstand der Brems-

6*

backen erhöhen oder vermindern. Die Folge war dann, daß jene mit Ehrhardtschem Doppelsporn ausgestatteten Lafetten den Interessenten überhaupt nicht vorgeführt wurden. Oberst Affolter, der Vorstand der Militärschule an der Eidgen. Technischen Hochschule in Zürich sprach sich mir gegenüber sehr anerkennend über das Funktionieren meines Sporns mit Reibungsbremse am Schießplatze Unterlüß bei Hannover aus und meinte, Ehrhardt könne sehr zufrieden mit dieser Lösung sein. Ungeachtet dessen war Affolter bereits zu dieser Zeit ein eifriger Verfechter des Systems des langen Rohrrücklaufes und sein energisches Eintreten hierfür hatte für die Schweiz den bereits auf S. 51 erwähnten Erfolg.

Man könnte nun fragen, warum ich mit der Erfindung dieser Reibungsbremse für Rohrrücklaufgeschütze an Stelle der hydraulischen Bremse nicht an die Öffentlichkeit getreten bin. Die Antwort ist einfach. Zu dieser Idee der Reibungsbremse bin ich schon anfangs der 90er Jahre gekommen, weil von seiten der Artilleristen große Bedenken gegen die Verwendung hydraulischer Bremsen bei Feldlafetten vorhanden waren, insbesondere hinsichtlich der Stopfbüchsendichtung. Die angestellte Berechnung aber sagte mir, daß die Reibungsbremse an einem Rohrrücklaufgeschütz bei Schnellfeuer unmöglich die durch die Reibung erzeugte Wärmemenge ohne Nachteil aufnehmen könne. Außerdem würde bei größerer Elevation der Rücklauf des Rohres ein größerer werden. Die hydraulische Bremse dagegen hat die hervorragende Eigenschaft, nahezu denselben oder nur wenig längeren Rücklauf bei jeder Elevation zu geben. Selbst verschiedene Ladungen und damit veränderliche Rücklaufenergien können die Rohrrücklauflänge bei Anwendung hydraulischer Bremsen wenig beeinträchtigen. Bei der Reibungsbremse spielt weiter auch die Beschaffenheit der Gleitflächen der Bremsstangen eine Rolle, die ja im Felde nicht immer dieselbe sein wird. Für die mit Reibungsbremse versehene Spornlafetten ist das Bedenken gegen die Erwärmung nicht so groß. Denn erstens ist infolge der großen rücklaufenden Masse, bestehend aus Rohr und Lafette, die zu vernichtende, in der starren Lafette aufgespeicherte Energie eine bedeutend geringere als die des Rohres beim Rohrrücklaufgeschütz und zweitens kann ein solches Geschütz nicht so rasch feuern als ein Rohrrücklaufgeschütz. Es hat also die Wärme mehr Zeit, von einem bis zum nächsten Schusse wieder auszustrahlen. Den Grund, weshalb ich diese Reibungsbremse trotzdem zum Patent anmeldete, wird der Leser später erfahren.

Da das Bessere der Feind des Guten ist, so konnte dieses mit Reibungsbremse ausgestattete Sporngeschütz nichts weiter als ein Vergleichsstück gegenüber dem System des langen Rohrrücklaufes sein.

Um vor allem den ballistischen Wünschen der verschiedenen Staaten für die Versuchs-Rohrrücklaufgeschütze Rechnung zu tragen, war die

Ausführung verschiedener Entwürfe für dieselben nötig, was bei dem an
Zahl geringem Bureaupersonal, das im übrigen mit Ausnahme des von
der Firma Krupp übernommenen Ingenieurs Koch mit artilleristischen
Konstruktionen nicht vertraut war, lange Zeit in Anspruch nahm. Das
von den verschiedenen Staaten gewünschte Kaliber des Rohres schwankte
nur wenig, nämlich von 7,5 cm bis 7,62 cm, das Geschoßgewicht zwischen
6,35 kg und 6,50 kg. Eine Ausnahme machte das später zur Aptierung
gelangte preußische Geschütz C/96 mit einem Kaliber von 7,7 cm und
6,85 kg Geschoßgewicht.

Die Geschoßanfangsgeschwindigkeiten variierten dagegen beträchtlich. Die Schweiz verlangte bei 6,35 kg Geschoßgewicht eine Anfangsgeschwindigkeit von 485 m, während Schweden, Norwegen, Österreich
und die Türkei bei 6,5 kg Geschoßgewicht eine Geschoßanfangsgeschwindigkeit von 500 m wünschten. Nordamerika verlangte bei 6,5 kg Geschoßgewicht eine Anfangsgeschwindigkeit des Geschosses von 550 bis
575 m. Die Rohrrücklauflänge betrug im allgemeinen 1—1,25 m, die des
nordamerikanischen Geschützes ca. 1,275 m.

Sämtliche Versuchsgeschütze wurden mit verlängerbarer Unterlafette ausgestattet. Bei eingeschobenem Unterlafettenrohr betrug
der horizontale Abstand von Lafettenachse bis Lafettensporn ca. 2,1 m
und bei ausgezogener Unterlafette ca. 2,8 m. Der Abstand von Radmitte
bis Sporn war also bei eingeschobenem Unterlafettenrohr nur wenig
größer als der bei starren Lafetten. Mit Ausnahme der norwegischen
Artillerie, die die verlängerbare röhrenförmige Unterlafette eingeführt
hat, haben es die anderen Militärstaaten vorgezogen, doch dem Rohrrücklaufgeschütz zuliebe die kurze Lafettenlänge der starren Lafette
zu opfern und eine Unterlafettenlänge zu nehmen, die man vordem als
etwas Unannehmbares betrachtet hatte. Weiter führte man die Unterlafette wieder als Wand- oder Troglafette aus. Man warf der röhrenförmigen Unterlafette vor, daß sie nicht so widerstandsfähig und haltbar
sei wie die frühere Lafette. Mir ist nicht bekannt, daß auch nur eine
einzige röhrenförmige Unterlafette beim Schießen oder Fahren ver-
bogen oder gar gebrochen wäre. Ohne Zweifel ist die Wandlafette mehr
gekünstelt als eine röhrenförmige, auch kann man bei dieser fast alle
Nieten vermeiden, was bei jener ausgeschlossen ist. Man war eben
meines Erachtens jahrzehntelang gewohnt, die Lafette in Wandform zu
sehen.

Was die Feuerhöhe anbelangt, so war sie fast durchwegs etwa
1 m. Die Elevation der Geschütze betrug ungefähr 17° und die Depression ungefähr 8°, die Seitenrichtung nach jeder Seite etwa 3° bis
3½°. Die Gewichte des aus Rohr und Lafette bestehenden Geschützes
waren nicht nur nicht größer, sondern sogar noch geringer als die der
starren Geschütze mit gleicher ballistischer Leistung. So wog z. B.
das norwegische Geschütz, bestehend aus Lafette mit Rohr und Achs-

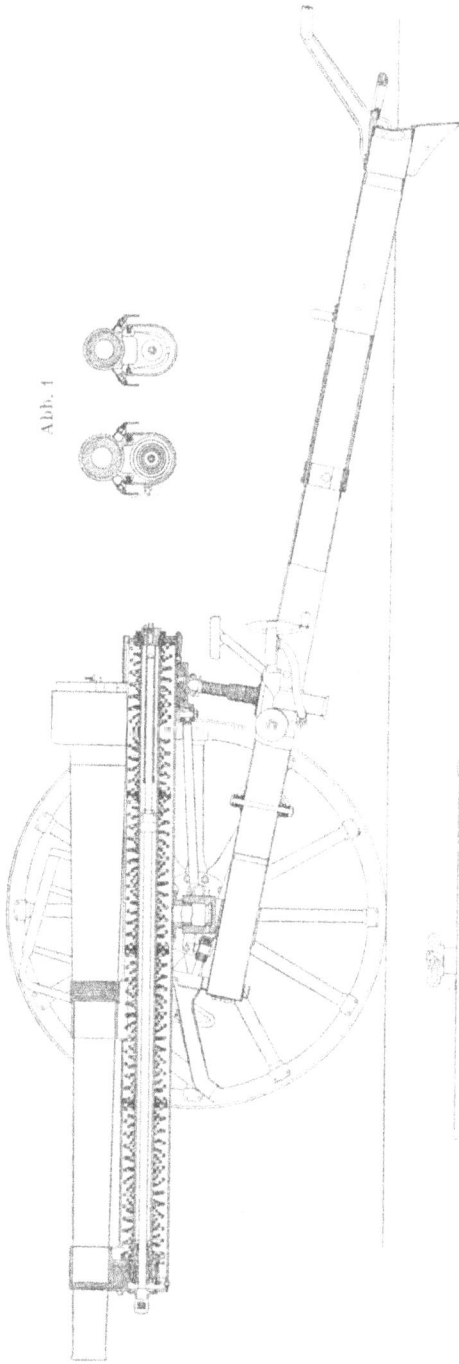

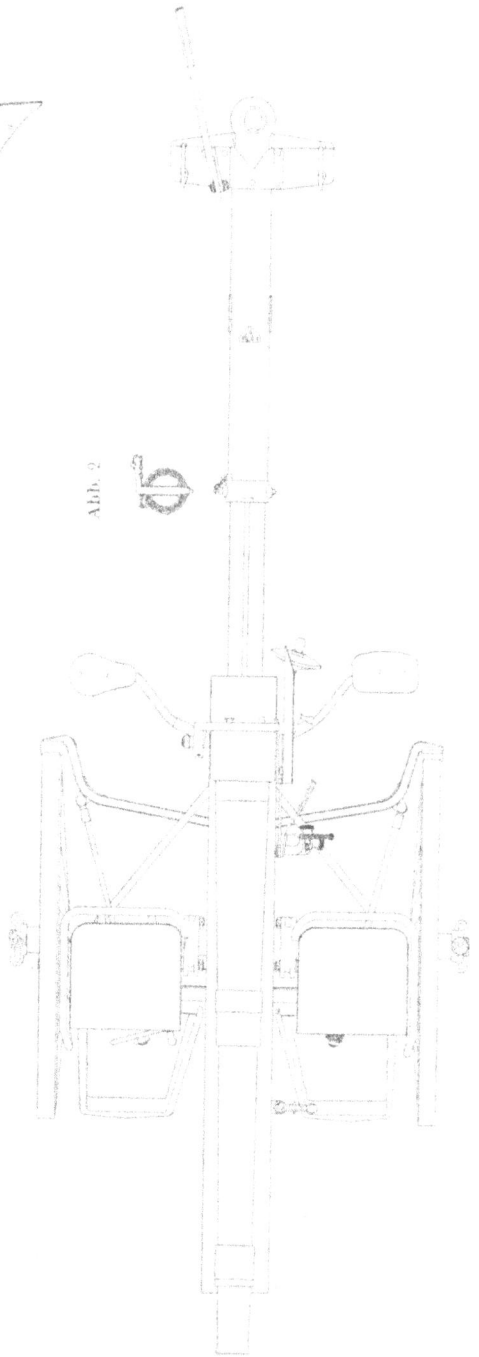

Abb. 1

Abb. 2

sitzen, Lafettensitzen für den Richtkanonier und den Verschlußwart, jedoch ohne Schutzschild für die Bedienungsmannschaft 962 kg. Das Rohr allein mit Verschluß, Bremszylinder und Rohrpanzer wog 310 kg, die Lafette allein 572 kg. Die Prophezeiung, die die Gegner des Systems des langen Rohrrücklaufes gemacht hatten, daß das Gewicht eines solchen Geschützes niemals auf das Maß eines starren Geschützes bei gleicher ballistischer Leistung gebracht werden könne, hat sich also nicht erfüllt.

Die Zeichnung des norwegischen Geschützes zeigt zugleich mehr oder weniger die Konstruktion für die sämtlichen noch unter meiner Leitung bis Ende Juni 1901 ausgeführten Versuchsgeschütze. Das Geschütz ist mit ausgezogener Unterlafette dargestellt, das Rohr besitzt den exzentrischen Schraubenverschluß nach Nordenfeldt. Abb. 1—2.

Zur Erreichung der Stabilität der Lafetten habe ich die Bremszylinderzüge für den Durchgang des Glyzerins unter Berücksichtigung der Verlegung des Schwerpunktes des Geschützes beim Rücklauf des Rohres, des Druckes der Vorholfedern, der variierenden Reibung der Rohrklauen auf den Gleitflächen der Oberlafette, der Verbrennung des Pulvers, der Expansion der Pulvergase im Rohr und der ausströmenden Pulvergase nach Verlassen des Geschosses berechnet und damit ein sehr ruhiges Arbeiten der Geschütze erzielt.

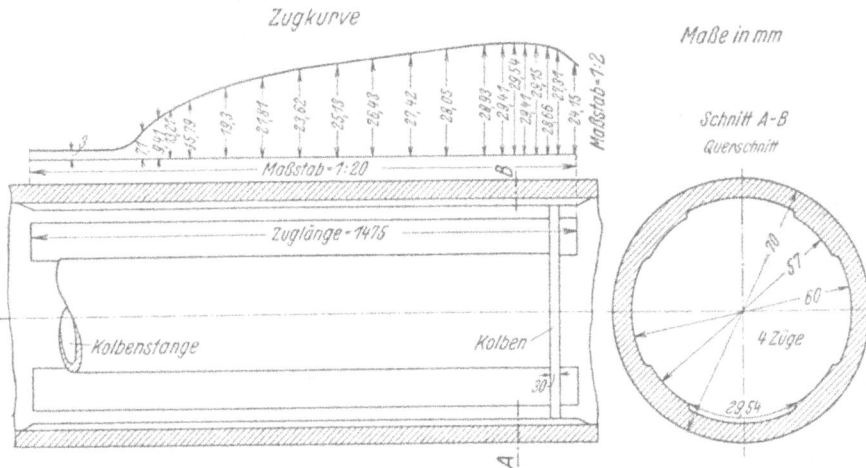

Die Ausführung der Bremszylinderzüge für das norwegische Geschütz ist hier dargestellt. Die Längenmaße sind im Maßstab 1 zu 20 gegeben, während die Breite der Züge in halber Größe gegeben ist. Abb. 1—3.

Zuerst bestellte England im März 1900 18 Batterien zu je 6 Geschützen, deren qualitative Ausführung durch die vorgeschriebene kurze Lieferzeit leider beeinflußt wurde.

Norwegen, dessen damaliger Kriegsminister Oberstleutnant Stang war, der den Wert des Rohrrücklaufgeschützes in vollem Umfange

erkannt hatte, forderte zu einem Wettbewerb diejenigen Geschützfabriken auf, die Rohrrücklaufgeschütze liefern konnten. Starre Geschütze wurden nicht zugelassen. Zu jener Zeit kamen nur die französische Firma Schneider in Creusot und der Ehrhardt-Konzern
in Frage. Dessen Geschütz ging bei den Versuchen in Christiania, heute
Oslo, als Sieger hervor. Es hatte zwar die Bezeichnung Ehrhardt-
Geschütz, war aber ausschließlich nach meinen Erfindungen bzw.
Patenten gebaut. Die norwegische Regierung erteilte nun dem Ehrhardt-Konzern den Auftrag auf 22 Batterien zu je 6 Geschützen, nachdem vorher eine Batterie in Versuch genommen worden war, um allen-
fallsige Mängel noch bei der Massenfabrikation berücksichtigen zu können.

Die vier photographischen Bilder zeigen, daß die angestellten
Fahrversuche des Probegeschützes die Haltbarkeit auf harte Probe
stellten. Bei dem Gebrauche der Geschütze soll es später vorgekommen
sein, daß einige innere Richtspindeln, weil sie infolge der exzentrischen
Lagerung auf Biegung beansprucht waren, gebrochen sind. Da die
ersten hohl waren, hat man die Ersatzstücke massiv gelassen, um sie
widerstandsfähiger zu machen. Die vierfach ineinander geschachtelten
Vorholfedern von rundem Drahtquerschnitt wurden später, und zwar
1907, als das Federmaterial bedeutend besser wurde, durch eine einfache
Federsäule mit quadratischem Querschnitt von 12,5 mm Seitenlänge
ersetzt.

In Amerika hat bald nach Ablieferung des Probegeschützes der
Wettbewerb, und zwar Ende 1901 begonnen. Die amerikanische Re-

gierung hat zu diesem Zwecke nur Kanonen mit langem Rohrrücklauf zugelassen. Unter den zugelassenen waren zuletzt außer dem Geschütze des Ordonance Departments nur noch die Lafette der Bethleem Steel Company und die Lafette Ehrhardt-Haußner beteiligt. Die erste Lafette des Ordonance Departments hatte, wie Abb. 1 zeigt, eine aus zwei Bremszylindern bestehende Rücklaufeinrichtung, und zwar befanden sich die beiden Bremszylinder je rechts und links des Rohres. Die Federn waren innerhalb der

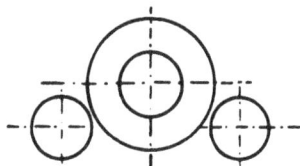

Abb. 1

Bremszylinder um die Kolbenstangen gelegt. Mit dem Rohr waren die Bremszylinderkolbenstangen verbunden. Das Department stellte aber eine zweite Konstruktion her, bei welcher ihm die charakteristischen Merkmale der Ehrhardt-Haußner-Lafette als Vorbild dienten, nämlich die Verbindung des Bremszylinders mit dem Rohr, jedoch mit dem Unterschiede, daß der Bremszylinder nicht vorne, sondern hinten mit dem Rohre verbunden wurde wie bei Krupp. Um den Bremszylinder legte sich der Federvorholer, und zwar eine rechteckige Schraubenfeder anstatt der ineinandergeschachtelten Federn mit rundem Drahtquerschnitt. Der Bremszylinder mit der Feder wurde gegen Verletzung durch die ihn konzentrisch umschließende Oberlafette geschützt, wie Abb. 2 darstellt. Nur war diese oben durch ein Deckblech vollständig geschlossen, wie Krupps kastenförmige Oberlafette. Zum Geben der Höhenrichtung elevierte die Oberlafette mit Rohr um die Lafettenachse wie bei der Ehrhardt-Haußnerschen Lafette. Als Entschädigung für diese teilweise Nachahmung ließ die amerikanische Regierung 50 Geschütze beim Konzern anfertigen. Daß das vom Ehrhardt-Konzern vorgestellte Geschütz sich beim Versuche gut verhalten hat, geht aus dem Briefe von

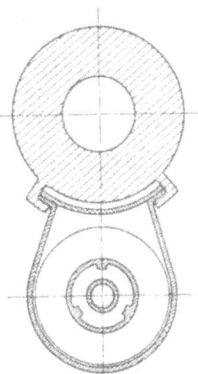

Abb. 2

William Crozier, Generalmajor und Vorsteher des Waffenamts vom 15. Januar 1903 an den Vertreter der Ehrhardtschen Werke, Mr. Tauscher, New York, hervor. Darin heißt es: »... betreffend die Erprobung der Ehrhardtschen und anderer Feldkanonen in diesem Lande, habe ich die Ehre zu bestätigen, daß das Verhalten des Ehrhardtgeschützes ausgezeichnet und jedem anderen überlegen war, abgesehen von der seitens des Waffenamtes hergestellten Kanone.« (Diese Kanone war eben die während der Versuche neu angefertigte. D. Verf.) Von diesen beiden hatte jede ihre Vorzüge.

Ich hatte die Genugtuung, daß meine so lange verkannte Idee, das System des langen Rohrrücklaufes, nun anfing, bei allen Militärstaaten seinen Siegeseinzug zu halten.

6. Kapitel.

Bewertung des Systems des langen Rohrrücklaufes und speziell des Ehrhardt-Haußnerschen Rohrrücklaufgeschützes in der Literatur und Presse.

Die Folgezeit hat gezeigt, wie meine Erfindung von den Fachleuten bewertet wurde:

Generalmajor Klußmann, ehemals Lehrer für Waffenlehre an der Kriegsakademie in Berlin und Abteilungschef der Artillerie-Prüfungs-kommission für Feldgeschütze, der die Frage der Entwicklung des Rohr-rücklaufgeschützes aufs eingehendste, wie er schreibt, hat verfolgen müssen, sagt in seinem Gutachten vom 1. Januar 1913 im Patentstreite Ehrhardt-Konzern : Krupp, mein deutsches Reichspatent Nr. 95050 betreffend: ».. Über die Bedeutung des Unterschiedes zwischen langem und kurzem Rohrrücklauf ist folgendes zu bemerken:

Der begriffliche Unterschied ist nicht neu und nicht erst in die Akten des vorliegenden Prozesses hineingetragen. Haußner hat ihn mit Bewußtsein schon in der Eingabe angewendet, die er im Jahre 1891 an die Artillerie-Prüfungskommission wegen eines von ihm vorgeschlagenen Rohrrücklaufgeschützes gemacht hat, und hat auch den Wert des langen Rohrrücklaufes für das Ruhigstehen der Lafette schon damals richtig erkannt und gewürdigt. Auch Krupp hat in den als Manuskript gedruck-ten Anlagen zum Schießbericht Nr. 89 — herausgegeben anfangs 1898 —, in denen die Entwicklung des Kruppschen Feldartillerie-Materials von 1892—97 abgehandelt wird, Versuchsfeldgeschütze abgebildet, die aus-drücklich als Geschütze mit langem Rohrrücklauf im Gegensatz zu Ge-schützen mit Rohrrücklauf schlechthin bezeichnet sind.«

Die zuletzt genannten Geschütze sind seinerzeit von mir im Gruson-werk durchkonstruiert und auch dort zur Ausführung gebracht worden.

Über die nach England im Jahre 1900/01 vom Ehrhardt-Konzern gelieferten 108 Geschütze äußerte sich der englische Kriegsminister Brodrick im englischen Unterhaus bei einer großen Armeedebatte anfangs März 1902 (4. März 1902) etwa folgendermaßen: Die Leistungen der in Deutschland erworbenen Geschütze seien bewunderungswürdig. Diese Geschütze seien, was sowohl Feuergeschwindigkeit als auch Trag-weite betreffe, als ein großer Fortschritt auf dem Gebiete des englischen Geschützwesens anzusehen.

Der schweizerische Oberst Affolter, zeitweise Professor der Militär-schule an der Technischen Hochschule in Zürich, der den Versuchen im Jahre 1899 in Unterluß auf der Lüneburger Heide beigewohnt hatte, schrieb in der Schweizerischen Zeitschrift für Artillerie und Genie im Jahre 1900: »Eine Lafette wie die Ehrhardtsche, die bei einem bis heute sonst noch bei keiner anderen Konstruktion erreichten geringen

Gewicht des abgeprotzten Geschützes von 850—900 kg eine vollständige Dauerhaftigkeit und Einfachheit besitzt; eine Lafette, die auf dem gewöhnlichen Boden (Ackererde) aufgestellt, beim Schusse fast, man kann sagen vollständig stille steht, nur geringe vibrierende, elastische Bewegungen ausführt, ohne sich vom Boden zu heben; eine Lafette, die durch ihre eigenartige Spornkonstruktion es ermöglicht, daß auch im harten Boden jeglicher Art, sobald dem Sporn nur ein geringer Anhaltspunkt zum Widerstande gegeben werden kann, oder daß im weichen Boden durch die einfachste Nachhilfe der Lafettenrücklauf aufgehoben werden kann; eine Lafette, die es ermöglicht, daß Richter und Verschlußwart auf der Lafette sitzend, so ruhig ihrer Arbeit obliegen können wie der Weber am Webstuhl und das Richten unabhängig von den Bewegungen des Rohres zu jeder Zeit ermöglicht; eine Lafette, die außer dem Geschützchef im ganzen nur vier Mann Bedienung erfordert und trotzdem im Schnellfeuer, selbst bei geteilter Munition, 15 und mehr gerichtete Schüsse pro Minute zuläßt, die aber auch ermöglicht, durch einen einzigen Mann fast eine Feuergeschwindigkeit aufrechtzuerhalten als wie bei normaler Bedienung bei den alten Geschützen; eine Lafette, die auf jedartig gestaltetem Terrain selbst bei stark abfallendem Terrain, sich beim Schuß ebenso ruhig verhält als auf ebenem Boden — von einer solchen Lafette sagen wir: sie ist in ihrer Einfachheit der Konstruktion ein Meisterwerk und repräsentiert in hohem Maße eine feldtüchtige Schnellfeuerlafette.

Es liegen also heute selbst außer der französischen auch noch andere feldtüchtige Schnellfeuerlafetten vor, die allen Anforderungen, die man an sie stellen muß, in genügendem Maße entsprechen; möglicherweise werden selbst noch verbesserte Formen entstehen, aber davon sind wir überzeugt, daß die Rohrrücklauflafette für alle Kanonen- und Haubitzenarten ihren Siegeszug durch die ganze Welt halten und den Abschluß der heutigen Entwicklungsperiode machen wird.«

Interessant ist auch, was die in Österreich herausgegebene Waffenlehre Korzen-Kühn in Heft 10, Feldkanonen, geschrieben hat: »Versuche zur Schaffung eines neuen Feldgeschützmodelles«:

»Die Feldgeschützkommission unter Vorsitz des Feldzeugmeisters Ritter von Kropatschek, welche mit der Schaffung eines neuen Feldgeschützsystems betraut war, huldigte der Anschauung, daß nur eine Feldkanone mit Rohrrücklauf dem Fortschritte der Zukunft entsprechen wird und ließ gleich anfangs einige Typen erzeugen. Man erreichte hierbei einen Rohrrücklauf bis 500 mm. Dieses Geschütz stand jedoch nicht ruhig; erst die Anbringung eines federnden Sporns an die Lafette, ähnlich wie beim Feldgeschütz M 75/96, gab dem Geschütze eine sehr ruhige Bewegung.

Da bei noch ausgiebigerer Verlängerung des Rohrrücklaufweges das angestrebte Maximalgewicht von höchstens 1000 kg für das abgeprotzte Geschütz überschritten worden wäre, so unterließ man die weitere Ausbildung dieses Modelles und der Strömung der Zeit folgend, welche sich gegen das Rohrrücklaufsystem wandte, führte man nach gemachten Versuchen ein neues Federsporngeschütz ein, welches bereits 1901 der Truppenerprobung unterworfen wurde. Das Gewicht desselben war 1000 kg, hatte 7,6 cm Kaliber, verfeuerte 6,6 kg schwere Geschosse mit einer Anfangsgeschwindigkeit von 500 m. Die starre Lafette mit federndem Sporn war, wie jede derartige Lafette, von der Beschaffenheit des Bodens abhängig und gewährleistete nicht unter allen Verhältnissen ein genügend ruhiges Verhalten beim Schuß. Auf hartem, steinigem oder gefrorenem Boden konnte der Sporn nicht verwendet werden, sondern man war auf die Seilbremse angewiesen, wodurch der bleibende Rücklauf ein größerer wurde, was die Feuerschnelligkeit beeinträchtigte.

Da nun im Juni 1900 die Rheinische Metallwaren- und Maschinenfabrik Düsseldorf als erste mit einem Rohrrücklaufgeschütz hervortrat, welches die für ein Feldgeschütz gestellten Gewichtsgrenzen (950 bis 1000 kg für das feuernde Geschütz) nicht überschritt, ja sogar unterbot, und welches System ein vollkommen ruhiges Verhalten des feuernden Geschützes versprach, so wurde dieses Geschütz — gewöhnlich System Ehrhardt genannt — sofort angekauft und einer eingehenden Erprobung unterworfen.

Das Feldgeschütz System Ehrhardt war ein Rohrrücklaufgeschütz mit röhrenförmiger, ausziehbarer Unterlafette, hatte ein Kaliber von 75 mm und verfeuerte 6,5 kg schwere Geschosse mit 500 m Anfangsgeschwindigkeit. Der gestattete Rücklauf betrug 1250 mm. Die Unterlafette bestand aus zwei Röhren, welche teleskopartig gegeneinander verstellt werden konnten, so daß sich sowohl eine kurze als eine lange Unterlafette erzielen ließ. Die kurz gestellte Lafette wurde zum Fahren und Schießen unter großen Elevationen, die lange Lafette zum Schießen unter kleinen Elevationen verwendet; das Auseinanderziehen bzw. Zusammenschieben der Lafette erforderte nur wenige Sekunden und ging sehr leicht vor sich. Das feuernde Geschütz hatte ein Gewicht von 950 kg. Ein solches Geschütz wurde nach eingehenden Schießversuchen am Schießplatze vom Ende Juli 1901 einer reitenden Probebatterie, ein zweites vom Ende März 1902 einer fahrenden Probebatterie zur Erprobung zugewiesen.

Die Erprobung hatte ein günstiges Resultat und ließ das Mißtrauen unberechtigt erscheinen, welches in die Ausdauer und die Kriegsbrauchbarkeit der Rohrrücklaufgeschütze gesetzt wurde. Die in großem Maßstabe durchgeführten Fahrversuche (10100 km) haben gezeigt, daß der heikelste Teil des Geschützes, die Oberlafette mit der Brems- und Vorholvorrichtung vollkommen intakt blieben und somit die Verwendbarkeit des Rohrrücklaufsystems bewiesen.«

In den Artilleristischen Monatsheften Nr. 55 vom Jahre 1911 schreibt der anonym mit *e* unterzeichnete Verfasser in einem mit »Beitrag zur Geschichte der Rohrrücklauflafetten« überschriebenen Artikel: »In der Militärliteratur wird nur selten und an untergeordneter Stelle der Name eines Artillerietechnikers, des Ingenieurs Haußner, genannt, der sich dennoch um die Entwicklung unseres modernen Artilleriegerätes, im besonderen um die des Rohrrücklaufsystems große Verdienste erworben hat. Er hat nicht nur als Erster die Grundgedanken des sog. langen Rohrrücklaufes richtig erfaßt und eine beim Schuß ruhig stehende Feldlafette konstruiert, sondern auch in zielbewußter Arbeit, wenn auch infolge widriger Umstände erst spät, seine erste Konstruktion so vervollkommnet, daß man sich in Deutschland den Vorzügen des Rohrrücklaufsystems nicht länger verschloß und die Umwandlung der Feldkanone 96 in ein Rohrrücklaufgeschütz in die Wege leitete (vgl. »Geschichte der Kgl. Preuß. Artillerie-Prüfungskommission«, S. 105, 106. Der Konstrukteur der dort genannten Ehrhardt-Lafetten ist der Ingenieur Haußner, s. Text S. 10 ff.).

Es erschien dem Verfasser als ein Gebot der Gerechtigkeit, die Arbeiten dieses Konstrukteurs, die zwar dem engeren Kreise der Fachleute wohl kaum unbekannt sind, der breiteren Öffentlichkeit gegenüber in das richtige Licht zu stellen.«

Weiter heißt es dort an anderer Stelle: »Der Erste, der sich die Aufgabe stellte, den Rücklauf der Feldlafetten nicht nur einzuschränken, sondern ganz aufzuheben und dabei auch das Bucken der Lafette zu vermeiden und der diese Aufgabe theoretisch und konstruktiv auch löste, war der deutsche Ingenieur Haußner.«

Und zum Schlusse heißt es: »Hiermit beendete Haußner seine Tätigkeit bei der Rheinischen Metallwaren- und Maschinenfabrik (= 31. Juli 1901; d. Verf.) sowie zunächst in Deutschland überhaupt. Er hatte die Genugtuung, daß seine so lange verkannten Ideen im Begriff waren, siegreich durchzudringen.«

In der Frankfurter Zeitung Nr. 302 vom 31. Oktober 1915 schreibt der anonyme Verfasser A. K. in dem Aufsatze »Rohrvorlaufgeschütze« (also mein auch bereits 1888 erfundenes Geschützsystem; d. Verf.) unter anderem: »Erst gegen Ende des vorigen Jahrhunderts führten die Ideen von Haußner zum Ausbau der heute gebräuchlichen Rohrrücklaufsysteme, bei denen die Rohre in einer Wiege auf der ruhig stehenbleibenden Lafette zurückgleiten und durch Federn, die durch den Rücklauf selbst gespannt werden (oder durch Preßluft wie bei den französischen Geschützen) wieder nach vorn gebracht werden . . .«

Während des Weltkrieges ist auch in der bekannten französischen Wochenschrift »L'Illustration, Journal Universel, 6 février 1915« ein Artikel erschienen (Original siehe Anhang [1]!), den ich nachfolgend in Übersetzung wiedergebe und der zeigt, wie die französische Militärverwaltung schon frühzeitig den Wert des Systems des langen Rohrrück-laufes eingesehen hat, dank der technisch-wissenschaftlichen Ausbildung ihrer Artillerie-Offiziere, und wie sie in geschickterWeise ihreKonstruktion so lange geheimzuhalten gewußt hat.

›Geschichte der 75er (L'histoire du 75).

In dem Zeitpunkt, wo man soeben in ganz Frankreich den ›Festtag der 75er‹ veranstaltete, ist es vielleicht nicht belanglos, die Schöpfungsgeschichte unserer ruhmreichen Kanone kurz zu geben und uns die Namen derjenigen zurückzurufen, welche unser Land mit einem so unvergleichlichen Material ausgestattet haben.

Die wissenschaftlichen Forderungen, welche bei ihrem Werden gewaltet haben, gehen auf einen sehr frühen Zeitpunkt zurück. Von 1890 ab hatte die französische Artillerie begonnen, sich ausschließlich mit der Schaffung eines Schnellfeuer-Feld-materials zu beschäftigen, welches befähigt wäre, die gleichen Resultate zu geben, welche das Schiffsgeschützmaterial schon lieferte. Auf das Schlachtfeld Kanonen zu bringen, die imstande wären, im Schnellfeuer mit dem Hotchkiss-Geschütz oder den Canet-Kanonen unserer Panzerschiffe zu rivalisieren, das war die Aufgabe, welche die Artillerie zu lösen unternommen hatte.

Die zu dieser Zeit im Gebrauch befindlichen Kanonen und in erster Linie die 90-mm-Kanonen des Obersten de Bange konnten leicht von einer beträchtlichen Stärke und Präzision sein, welche niemals überschritten worden ist; aber weil ihr Schuß zu langsam war, mußten sie zu oft ohne ernsthafte Wirkungen bleiben. In der Tat schoß das Material 1877 beinahe zweimal weniger schnell als die glatte schwedische Kanone Gustav Adolfs.

Um einen Gegner zu erreichen, dessen vorgefaßte Meinung von jetzt ab haupt-sächlich war, sich unangreifbar zu machen, war es nötig, dem alten Verfahren zu entsagen und der Artillerie eine Kanone zu geben, welche ihr erlaubte, im Augenblick das Terrain abzufegen durch einen bestreichenden, leicht einstellbaren Schuß, genau so wie der städtische Straßenbesprenger, ohne sich von dem Wasserhahn zu ent-fernen, den Wasserstrahl auf der Straße herumführt.

Es war nötig, eine Kanone zu schaffen, welche fähig wäre, während des Schusses zwar nicht vollständig unbeweglich zu bleiben (ein Resultat, welches mechanisch unausführbar wäre), aber nach dem Schuß auf seine Ausgangsstellung zurückzu-kommen. Da die Richtung nicht mehr gestört würde, könnte die Schnelligkeit des Feuers so groß werden, wie es nötig wäre.

Die Lösung des Problems bestand im Konstruieren einer genügend fest mit dem Boden verankerten Lafette, welche sich keinesfalls während der Zeit bewegen sollte, in der die Kanone, die durch ein elastisches, zur Aufzehrung der Rückstoßarbeit bestimmtes Organ mit der Lafette verbunden ist, auf passend angeordneten Gleit-schienen zurücklaufen soll.

Versuche in diesem Sinne waren schon von verschiedenen Offizieren und haupt-sächlich von dem Hauptmann Locard der Geschützgießerei zu Bourges gemacht worden, aber sie hatten keineswegs Erfolg, wenigstens nicht für das Feldmaterial. Die theoretische Lösung des Problems schien klar zu sein, aber man fragte sich noch, ob die praktische Verwirklichung möglich sein würde.

Hierauf ereignete sich ein eigentümlicher und ziemlich unbekannter Vorfall, welcher auf die Schaffung unserer gegenwärtigen Kanone einen entscheidenden Einfluß ausübte.

Der General Mathieu, damals Direktor der Artillerie im Kriegsministerium, vernahm auf dem gewöhnlichen Wege, daß ein deutscher, übrigens sehr hervorragen-der Ingenieur, Haußner, bei Krupp ein Modell einer Kanone mit langem Rohrrück-lauf oder, wie die deutschen Techniker sagen, mit Rücklauf der Kanone auf der

Oberlafette konstruiert habe. Man fügte hinzu, daß nach einem Versuch das Haus Krupp nicht gezögert habe, die Ausführung dieses neuen Materials zu beginnen. Der General, welcher Menschenkenner war, ließ den Kommandanten Deport, damals Direktor der Konstruktionswerkstätte von Puteaux, rufen und fragte ihn, ob er glaube, eine Kanone nach dem Prinzip des langen Rohrrücklaufes konstruieren zu können. Der Kommandant Deport, welcher mit der Sache bekannt war, antwortete nach einigem Nachdenken, daß er bereit wäre, die gestellte Aufgabe zu lösen und im Jahre 1894 stellte er dem Kriegsminister, General Mercier, eine Feldkanone vor, die bis zu 25 Schuß in der Minute verfeuerte. Ihre Präzision war vollkommen und ihre Stabilität derart, daß die 2 Hauptkanoniere (Richtkanonier und Verschlußwart, d. Verf.) während des Schusses auf den Sitzen bleiben konnten, die so einen ergänzenden Teil der Lafette bildeten. Die 75-mm-Kanone war geschaffen und erfüllte alle die Wünsche, die der anspruchvollste Artillerist hätte äußern können. Ihre Geburt war jedoch sehr schwer gewesen. Während vieler Monate hatte der Kommandant Deport bei jedem Konstruktionsteil des neuen Gerätes geschwitzt, nur nach großer Mühe über eine Schwierigkeit triumphierend, um sich alsbald einer neuen gegenüber zu sehen, und es schien ihm, als ob die endliche Lösung ohne Aufhören sich entfernen wollte.

Nachdem er einen Schnellfeuerverschluß nach System Nordenfeldt ausgearbeitet hatte, mußte er eine hydropneumatische Bremse mit langem Rohrrücklauf (1,20 m) schaffen, welche die Kanone in ihrem Rücklaufe allmählich aufhielt, um sie sogleich wieder in ihre Abgangsstellung zurückzubringen unter der Betätigung eines Luftkompressors mit über 100 Atmosphären Spannung.

Er hatte an die neue Lafette noch die sog. unabhängige Visierlinie anbringen müssen, welche erlaubt, die Kanone immer gerichtet zu halten, indem die Richtungsänderungen während des Schießens selbst ausgeführt werden können usw.

Wir sprechen hier nur von den hauptsächlichsten zu lösenden Aufgaben.

Man könnte sich vielleicht einbilden, daß, während der Kommandant Deport so fleißig arbeitete, die deutsche Artillerie ebenfalls emsig am Werke war. Man würde sich über die Maßen täuschen. Die deutsche Artillerie hatte nichts gemacht, sie war sogar weniger vorgeschritten als am ersten Tage, denn sie hatte einen falschen Weg eingeschlagen. Die dem General Mathieu gelieferten Auskünfte, welche die Schöpfung der 75-mm-Kanone verursacht hatten, waren, so erstaunlich dies auch erscheinen mag, ungenau.

Der Ingenieur Haußner hatte wohl ein Kanonenprojekt aufgestellt, dieses Projekt war wohl in Essen ausgeführt worden, aber die vielleicht mit Absicht schlecht geleiteten Versuche hatten schlechte Resultate ergeben und die Firma Krupp, zu glücklich über die Niederlage einer Erfindung, welche sich zu sehr von ihren Traditionen entfernte, hatte den Ingenieur Haußner verabschiedet, welcher wegging, um sein Glück in Südamerika zu suchen. Und noch besser, die Gebühren für das Patent, welches Haußner in Frankreich genommen hatte, wurden nicht mehr bezahlt und das Patent, das übrigens vollständig unbekannt geblieben war, ging so in öffentlichen Besitz über. Die Firma Krupp hatte damit vielleicht die schönste Gelegenheit versäumt, die sich ihr jemals dargeboten hatte, und dank ihrem unbesiegbaren Starrsinn sollte sie, zum Glück für unser Land, dieselbe nicht wieder finden.

Man sieht, daß die dem General Mathieu gelieferte ungenaue Auskunft für Frankreich besonders glückliche Erfolge hatte, indem sie den Kommandanten Deport auf den Weg zu seiner genialen Erfindung leitete.

Dieser, in einem Alter zum Oberstleutnant befördert, welches ihm nicht mehr die Hoffnung ließ, seine Verdienste in der Armee in einer gerechten Weise belohnt zu sehen, entschloß sich, seinen Abschied zu nehmen und trat in die »Compagnie des Forges de Chatillon-Commentry« ein, wo er gegenwärtig noch die Artillerie-Angelegenheiten leitet.

Er leistete daselbst noch viel. So unternahm er hier noch die Versuche, welche einesteils zur Annahme der 65-mm-Gebirgskanone durch die französische Artillerie und anderenteils zur Annahme der Kanone mit großem Schußfelde durch die italienische Artillerie führten.

Der Bau der 75-mm-Kanone, welche bald das Modell 1897 werden sollte, wurde nach dem Abgange des Obersten Deport durch den Hauptmann Sainte-Claire Deville (heute General) zu Ende geführt. Dieser vollendete die Vervollkommnung des Materials, schuf den umstellbaren Munitionskasten, ebensosehr dazu geeignet, das Personal zu schützen wie die Munition zu verteilen, sowie die automatische Zünderstellung, welche erlaubt, die Schrapnells in geeigneter Zeit vorzubereiten ohne Rücksicht auf die Schnelligkeit des Feuers. In seiner Arbeit wurde er kräftig durch einen Offizier unterstützt, welcher bald darauf eine Berühmtheit erlangen sollte, nämlich den Hauptmann (heute Oberstleutnant) Rimailho, den Schöpfer der 155-mm-Feldhaubitze.

Es genügte nicht, ein neues Material zu schaffen, es war noch nötig, seine Annahme genehmigen zu lassen; es war nötig, das Mittel zu finden, dem Parlament die beträchtliche Ausgabe für seine Ausführung aufzuerlegen; es war auch und vor allem nötig, seine Existenz unseren Gegnern zu verbergen. Dies war die Aufgabe des Generals D e l o y e.

Direktor der Artillerie im Kriegsministerium nach dem General Mathieu, hatte sich der General Deloye, ein außerordentlich hervorragender Kopf, aber gleichzeitig besonders verschmitzt, schnell davon Rechnung gegeben, daß man nicht allzulange das Geheimnis eines neuen Materials wahren werde können, wenn man nicht die Neugierigen auf eine falsche Spur führte. Durch eine Reihe von künstlich ersonnenen Ungeschicklichkeiten, wissentlichen Indiskretionen und geheimnisvollen Zurschaustellungen gelang es, alle und besonders die gewöhnlich so gut unterrichteten deutschen Spione glauben zu machen, daß unser zukünftiges Artilleriematerial das übrigens sehr interessante Material sein müßte, an welchem der Hauptmann Ducros seit langer Zeit neben der 75-mm-Kanone arbeitete. Die deutsche Artillerie fiel darauf herein und im Jahre 1896 trat sie ganz stolz, uns zuvorgekommen zu sein, in Eile mit einer Kanone mit beschleunigtem Schuß entsprechend derjenigen des Hauptmanns Ducros hervor.

Darnach, und da die Deutschen schon zu sehr mitten in der Arbeit waren, um wieder zurücktreten zu können, ließ der General Deloye im geheimen die Einführung der 75-mm-Kanone beschließen, ohne Zaudern vor der sehr großen Verantwortlichkeit, welche ihm die Indienststellung eines ganz neuen Materials auferlegte, indem er so vollständig mit den Irrungen der Vergangenheit brach. Er hatte aber ein noch höheres Verdienst. Trotz seiner Gewissenhaftigkeit fürchtete er sich keineswegs, einen großen Teil des Materials ohne jedweden Kredit ausführen zu lassen, indem er selbst vor Unregelmäßigkeiten in der Verwaltung nicht zurückschreckte, um sich ohne Kammerbeschluß die notwendigen Gelder zu verschaffen. Er krönte ein wenig später sein Werk damit, daß er das Parlament beredete, die Ausrüstung der 75-mm-Kanone mit den aus dem Verkaufe des Geländegürtels um Paris zu erwartenden Mitteln zu bezahlen!

Diese so wichtige Rolle des Generals Deloye, eines Mannes, in seiner Art ebenso bescheiden wie der Oberst Deport, ist beinahe unbekannt geblieben. Eine kurze Anspielung darauf ist jedoch auf der Tribüne der Kammer am 20. Februar 1900 durch den General de Calliffet in folgenden Ausdrücken gemacht worden:

„Sie hatten soeben den Mann vor sich, welchem Sie Ihre Anerkennung nie genug zum Ausdruck werden bringen können, das ist der General von Deloye. Er ist es, dem wir die Verbesserung unseres Artilleriematerials verdanken. . .“

Trotz dieser öffentlichen Bezeugung hat man indessen bis heute jedoch keineswegs dem großen, ehrenwerten Manne und guten Bürger, der General Deloye war, die Gerechtigkeit erwiesen, die er verdiente. — Der Augenblick scheint gekommen zu sein, ihm eine zu lange hinausgeschobene Huldigung zu erweisen.

Es ist in der Tat besonders erfreulich, daß ein unerwarteter Zufall vor etwa 20 Jahren unserem Lande erlaubt hat, gleichzeitig den Oberst Deport in der Konstruktionswerkstätte von Puteaux und den General Deloye in der Direktion der Artillerie beim Kriegsministerium zu haben, denn aus der gemeinsamen Arbeit dieser beiden Männer ist in der Kanone 75 das Heil unseres Vaterlandes hervorgegangen.

Sauveroche.«

Von diesem Artikel erhielt ich zufälligerweise dadurch Mitteilung, daß die Mitschüler meines Sohnes, der damals den Collège classique in Lausanne besuchte, ihn fragten, ob der darin genannte Haußner sein Vater sei.

Ich möchte hier gelegentlich bemerken, daß das darin erwähnte 65-mm-Gebirgsgeschütz nach dem von mir 1888 erfundenen unter D. R. P. Nr. 63146 geschützt gewesenen Rohrvorlaufsystem gebaut ist. Interessant ist, daß kurze Zeit vor dem Erscheinen des obigen Artikels in der Technischen Rundschau des Berliner Tageblattes vom 20. November 1914 ein Artikel von dem preußischen Generalleutnant z. D. von Reichenau erschien, der zur fraglichen Zeit dem Ehrhardt-Konzern als Aufsichtsratsmitglied angehörte. In diesem Artikel »Moderne Geschütze« brachte er zum Ausdruck, daß die Franzosen die ersten gewesen seien, die das Rohrrücklaufgeschütz herstellten, und zwar angeregt durch die Vorschläge des italienischen Generals Biancardi. Die Franzosen haben ihn durch den vorstehenden Artikel aufgeklärt, denn er hat sich bei Abfassung seines Artikels scheinbar nicht mehr erinnert, daß er selbst im Jahre 1894 als Vertreter des preußischen Kriegsministeriums zur Begutachtung meines Rohrrücklaufgeschützes auf dem Kruppschen Schießplatze in Meppen war (s. S. 51—52).

Die sämtlichen ausgeführten Versuchsgeschütze, die ich früher benannte, kamen bis Sommer 1901 zur Ablieferung. Unter ihnen befanden sich auch zwei weitere für die preußische Militärverwaltung aptierte Feldgeschütze C/96 mit Schutzschilden für die Bedienungsmannschaft.

Was die für die Versuchsgeschütze gefertigten Rohrverschlüsse anbelangt, so waren es mit Ausnahme der für Preußen in Betracht kommenden Rohre ausschließlich Schraubenverschlüsse bekannter Ausführungen. Wie schon erwähnt, hatte Norwegen den Nordenfeld-Verschluß vorgeschrieben. Bei den zu aptierenden deutschen Geschützen blieb der Keilverschluß.

In den Jahren 1900—1901 erfand nun der mehrfach genannte Ingenieur Koch den durch das D. R. P. 135749 vom 19. Juli 1901 geschützten Geschützkeilverschluß — Schubkurbelverschluß —, wie er durch die Abb. 1—3 veranschaulicht ist. Abb. 1 zeigt das Rohrbodenstück von oben gesehen mit geöffnetem Verschluß, Abb. 2 mit verriegeltem Verschluß und Abb. 3 gibt die Seitenansicht des Rohrbodenstückes.

Der Patentanspruch dieser Erfindung lautete: »Wagrecht beweglicher Geschützkeilverschluß, dadurch gekennzeichnet, daß der Verschluß- hebel *g* mit einem Winkelarm *h* versehen ist, dessen an seinem freien Ende drehbar angeordneter Stein *f* in einer senkrecht zur Keilbewegung stehen- den Nute *e* des Keiles *b* so gleitet, daß die Bewegungsrichtungen von Stein und Verschlußhebel beim Drehen des letzteren in jedem Augen- blick annähernd rechtwinkelig zueinander sind, während bei nahezu

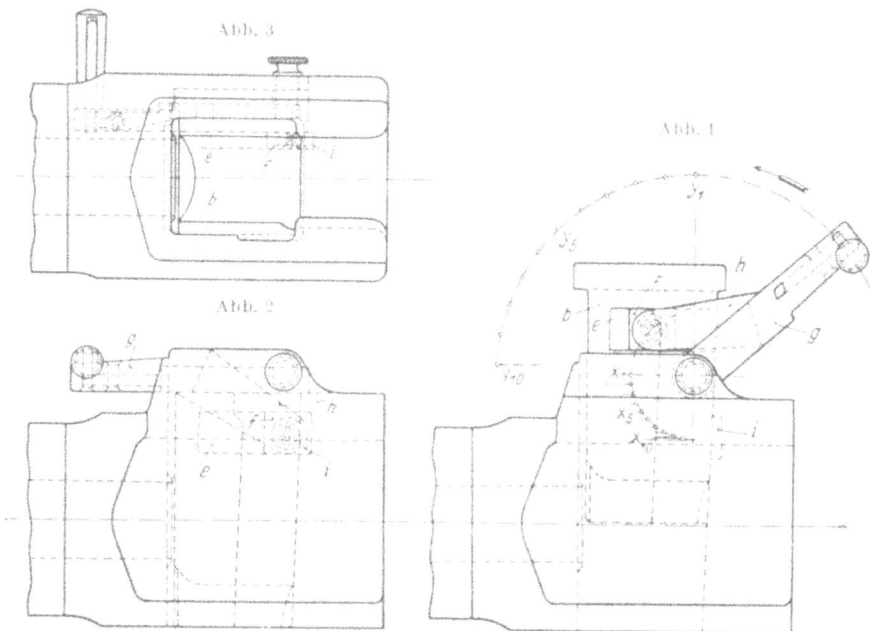

vollendeter Bewegung des Verschlußhebels der Stein *f* in eine Aus- sparung *j* des Bodenstückes eingreift und dadurch den Keil mit dem Bodenstück verriegelt, wobei während des Schließens in bekannter Weise eine Verzögerung der Keilbewegung und damit eine Vergrößerung des auf den bzw. von dem Keil ausgeübten Druckes bewirkt wird.«

Dieses läßt Abb. 1 aus den Stellungen y_1—y_{10} der Kurbel gegen- über den Stellungen x_1—x_{10} des Steines *f* beim Schließen des Ver- schlusses erkennen. Das war, wie man aus den Abbildungen ersehen kann, eine sehr einfache und bedeutsame Lösung, die gegen das unbeab- sichtigte Öffnen beim Schusse sichere Gewähr leistet. Die deutsche Militärverwaltung hat denn auch bei der späteren Aptierung ihres Feld- geschützes C/96 diese Konstruktion unter dem Namen »Ehrhardtscher Schubkurbelverschluß« angenommen.

Aber auch durch eine Schlagbolzenanordnung bei nach rückwärts sich öffnenden Schraubenverschlüssen hat Koch in jener Zeit einen großen Fortschritt in einfacher Weise durch seine Erfindung, die dem Ehrhardt-Konzern durch das D. R. P. Nr. 138706 vom 6. 2. 01 geschützt worden ist, gemacht.

Die Beschreibung und der Patentanspruch lauten: »Den bisher bekannten, sich nach hinten öffnenden Schraubenverschlüssen, deren Schlagbolzen zentrisch in dem Verschlußstück gelagert ist, haftet der Übelstand an, daß die Schlagbolzenspitze, falls sie beim Schuß zersprungen und durch Splitter in ihrer Lage festgeklemmt ist oder infolge von Verschmutzung festsitzt, beim Schließen des Verschlusses, und zwar noch ehe dies völlig geschehen ist, direkt in das Zündhütchen eindringt und so die zu frühe Entzündung der Ladung bewirkt.

Die hieraus entstehende Gefahr für das Bedienungspersonal wird durch nachstehend beschriebene Erfindung beseitigt:

Der Schlagbolzen ist bei der neuen Konstruktion exzentrisch in dem Verschlußstück gelagert, so daß er beim Öffnen des Verschlusses infolge der Drehung des Verschlußstückes mit Bezug auf die Längsachse des Rohres bzw. des Ladungsraumes eine solche Lageveränderung erhält, daß seine Spitze aus der Mitte des Patronenbodens heraus vom Zündhütchen entfernt wird.

Beim Schließen des Verschlusses bleibt die Schlagbolzenspitze so lange außerhalb der Patronenmitte, bis die Drehung des Verschlußstückes zur völligen Verriegelung des Verschlusses vollendet ist. Selbst wenn hierbei aus einem der vorerwähnten Gründe die Schlagbolzenspitze oder Splitter derselben aus dem Verschlußstück vorstehen, kann die Schlagbolzenspitze oder Splitter derselben niemals auf das Zündhütchen treffen. Infolge der exzentrischen Stellung des Schlagbolzens wird vielmehr lediglich die hintere Wandung der Geschoßhülse an einer Stelle außerhalb der Mitte berührt werden. Das Zündhütchen wird also hierbei erst dann getroffen werden, wenn das Verschlußstück ganz verriegelt ist, indem, wie erwähnt, erst dann der Schlagbolzen bzw. dessen Spitze in die Längsachse des Rohres bzw. des Ladungsraumes, also in die Geschoßachse zu stehen kommt.

Bezeichnet A die Lage des Zündhütchens der in den Ladungsraum der Kanone eingeführten Patrone, so stellt A zugleich die Achse des Ladungsraumes und der Seelenachse des Rohres dar. Ist B die Achse des Schraubenverschlusses, e deren Entfernung von der Zündhütchenmitte und ist zur Verriegelung des Verschlusses eine Verdrehung desselben um 60° nötig, so muß der Schlagbolzen s im Verschlußblock auf einem Kreis liegen, dessen Mittelpunkt in der Verschlußachse B liegt und dessen

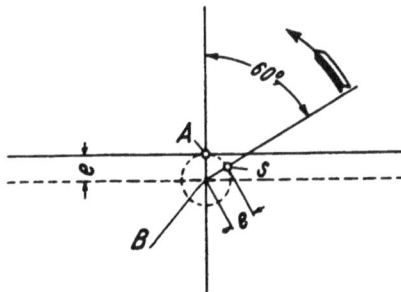

7*

Radius gleich der Entfernung der Seelenachse *A* von der Verschlußachse *B* also gleich *e* ist. Damit weiter die Schlagbolzenmitte mit der
Zündhütchenmitte nach Drehung des Verschlußblockes um 60° zusammenfällt, müssen auch Zündhütchenmitte oder Seelenachse *A* und
Schlagbolzenmitte *s* einen Winkel von 60° miteinander bilden.«

Der Patentanspruch dieser Erfindung lautet:

»Schlagbolzenanordnung für nach hinten sich öffnende Geschütz-
keilverschlüsse, dadurch gekennzeichnet, daß der exzentrisch im Verschlußstück angeordnete Schlagbolzen so lange aus der Mitte der Bohrung gerückt bleibt, bis die Verriegelungsdrehung beendet ist, zum
Zwecke, beim Schließen des Verschlusses ein Auftreffen der Schlagbolzenspitze oder Splitter derselben auf das Zündhütchen zu verhüten.«

Das amerikanische Patent Nr. 709701 vom 23. September 1902
dieser Erfindung hat die nordamerikanische Regierung seinerzeit von
Ehrhardt gekauft. In den militärischen Veröffentlichungen wurden diese
Verschlußkonstruktionen ebenso wie das Rohrrücklaufgeschütz als Erfindungen des Geheimrats Ehrhardts gefeiert.

Mein Verhältnis zu Ehrhardt wurde mit der Zeit immer gespannter
und unerträglicher und damals hatte ich allerdings den Eindruck, daß
er mich »abschieben« wollte, nicht aber zu der Zeit, die er in seinem
Buche auf S. 76 angibt. Als mir nun durch eine in Deutschland weilende
argentinische Militärkommission die Stelle als Oberingenieur des Kriegs-
Arsenals in Buenos-Aires angeboten wurde, kündigte ich meine Stellung
bei dem Ehrhardt-Konzern und trat am 31. Juli 1901 aus. Ende November reiste ich dann nach Südamerika ab — noch ohne Ahnung,
welche Überraschung mir bald von seiten Ehrhardts zuteil werden sollte.

II. Teil.

Antwort auf H. Erhardts Erfinderansprüche auf das Rohrrücklauf-Geschütz.

An dieser Stelle, wo der Leser über die Entwickelung der Räderlafette mit langem Rohrrücklauf, so lange ich daran aktiv beteiligt war, genügend unterrichtet sein dürfte, halte ich es für angezeigt, das Kapitel über die Erfindung des Rohrrücklaufgeschützes richtig zu stellen, das Ehrhardt seinem Buche »Hammerschläge, 70 Jahre deutscher Arbeiter und Erfinder«, Verlag von K. F. Köhler, Leipzig 1922, beigefügt hat.

Wenn der Verfasser in der Einleitung seines Buches sagt:

»Es scheint mir zweckmäßiger, daß ich diese Dinge nach meiner eigenen Erinnerung und meinem eigenen Wissen niederschreibe, als daß sie später von anderen mühsam und vielleicht unvollkommen rekonstruiert werden«, so muß ich feststellen, daß diese Erinnerung und dieses Wissen, soweit es das obengenannte Kapitel angeht, äußerst mangelhaft und in der Tat mehr Dichtung als Wahrheit genannt werden muß. Es ist für die Geschichte des Rohrrücklaufgeschützes schon deshalb nötig, die entsprechenden sachlichen Aufklärungen zu geben.

Ehrhardt (oder sein literarischer Mitarbeiter Dominik) schreibt z. B. auf S. 17: »Der Schritt von der ersten Idee bis zu den Entwürfen wird durch eine gediegene Kenntnis der mathematischen und physikalischen Wissenschaft ganz wesentlich erleichtert, ja vielfach überhaupt erst möglich gemacht. Ein geradezu schlagendes Beispiel dafür bildet der lange Rohrrücklauf. Die mathematische Theorie dieser Konstruktion ist so einfach und so überzeugend, daß es mir heute noch ganz unbegreiflich ist, wie sich seinerzeit Widerspruch dagegen erheben und sogar in ein wissenschaftliches Gewand kleiden konnte.«

Ich kann ihm darin vollständig recht geben; nur mit einem ganz kleinen Unterschied, daß nicht etwa Ehrhardt sondern ich die theoretische Entwicklung geschaffen habe, um zu beweisen, daß man mittels des bis dahin unbekannten und von mir zuerst gebrachten Systems des langen Rohrrücklaufs eine Räderlafette herstellen kann, die weder zurückläuft noch springt.

Ferner will Ehrhardt nach seinem Buche, Absatz 1, S. 75, nach mehrjährigen Versuchen zur Formulierung und Erfüllung der Forderungen, die zur Schaffung eines Feldgeschützes nach dem System des langen Rohrrücklaufes notwendig sind, gekommen sein. In der Tat aber war ihm das Rohrrücklaufgeschütz, ehe ich mit ihm im Frühjahr 1895 in Verbindung trat, ein noch vollständig unbekanntes Gebiet. Ich selbst habe in meiner der Firma Krupp im November 1888 übergebenen Denkschrift jene Bedingungen aufgestellt, und zwar ohne jeden vorausgehenden Versuch. Das einzige, was ich während der Ausarbeitung der Denkschrift machte, war, daß ich einmal zu Hause in meinem Zimmer einen Stuhl herumschob, um zu sehen, in welcher Höhe vom Boden man die horizontale Kraft ausüben müsse, ehe der Stuhl zu bucken anfängt. In dieser Situation, als ich am Boden kroch, überraschte mich einer meiner Freunde, der glaubte, daß ich vielleicht nicht mehr ganz bei normalem Verstande wäre.

Auf S. 76, Absatz 1, schreibt Ehrhardt nun: »Die hier kurz von mir gegebene Theorie war so einfach und selbstverständlich, daß sie einem Ingenieur, der sich ernsthaft mit diesen Dingen beschäftigte, naturgemäß nicht entgehen konnte. Es hatten sich aber sowohl in Deutschland wie in Frankreich mehrfach Leute damit befaßt usw.«

So einfach, wie Ehrhardt schreibt, war die nachträglich von ihm in seinem Buche gegebene Theorie allerdings nicht aufzufinden und sie dann in ein technisches Gewand zu kleiden, war wieder nicht leicht. Ihre Ausführung mußte, wie jede bahnbrechende Erfindung, organisch entwickelt werden. Es ist mir nicht bekannt, daß jemand nachweisbar gegen Anfang der 90er Jahre erkannt habe, der Bau eines beim Schusse stillstehenden Rädergeschützes sei mit Hilfe eines langen Rohrrücklaufes möglich. Mit meinem D. R. P. Nr. 61 224 vom 29. April 1891, das seine Basis in meiner Denkschrift vom November 1888 hatte, war ich der Erste gewesen, der diese Lösung öffentlich gebracht hat. Von einem Feldgeschütz ohne Rücklauf war allerdings nur in der Beschreibung die Rede, während der Patentanspruch ungeschickterweise nur eine Spezialausführung schützte. Er hätte vielmehr lauten müssen: »Räderlafette mit am Lafettenschwanz angebrachtem Sporn, dadurch gekennzeichnet, daß das beim Schuß in Richtung seiner Seelenachse zurücklaufende Rohr einen solchen Weg zurücklegt, daß die Lafette weder zurückläuft noch buckt.« Oder, wie Krupp ihn bei einem Federpatent charakterisierte: »Eine Räderlafette, bei welcher der Rücklauf mindestens 15 Kaliberlängen des Rohres beträgt.«

Zu der Zeit, als ich Ehrhardt durch Klumpp meine Erfindung anbot, ließ er in der Rheinischen Metallwaren- und Maschinenfabrik Rohlinge für Feldkanonen anfertigen. Das Einzige, was er in Lafetten in Zella, St. Blasii, damals ausführte, war die teilweise Umbildung einer alten preußischen starren Lafette. Seine Neuerung bestand darin, daß er die aus Stahlblech U-förmig gebördelten Wände als Fachwerk ausbildete, dessen Streben mittels Nieten verbunden waren. Es war deshalb nichts Überraschendes, daß beim Schießen Nietköpfe absprangen.

Wie ich schon früher ausführte, hat Ehrhardt 1895 nicht nur ein kleines Rohrrücklaufmodell von mir erhalten, sondern auch die Zeichnungen zu einem Rohrrücklaufgeschütz (S. 58 ff.), das dann in Zella, St. Blasii, als erstes Geschütz gebaut worden ist. Dasselbe wurde dann bei meinem Eintritte am 1. Oktober 1896 weiter von mir vervollständigt. Unter den hierauf von mir genommenen Patenten war es hauptsächlich das D. R. P. Nr. 95336, wegen dem später zwischen Ehrhardt und Krupp lang andauernde Prozesse geführt wurden.

Auf S. 75, Zeile 16 von unten u. ff. schreibt Ehrhardt:

»Bei den üblichen Lafettenlängen und den durch die möglichen Rücklauflängen gegebenen Bremsdrucken ergaben sich Kräftezerlegungen, die bei größeren Elevationen des Rohres immer noch ein »Bocken« des Geschützes begünstigten. Um diese Störungen sicher zu beseitigen, wurde es notwendig, die Geschütze mit einer ausziehbaren oder sonstwie verlängerungsfähigen Lafette auszurüsten, durch welche die vertikal nach oben gerichtete Kraftkomponente nun so klein gehalten werden konnte, daß die Geschütze absolut ruhig standen.«

Ehrhardts Ansicht, daß bei gegebener Lafettenlänge und der möglichen Rücklauflänge bei größeren Elevationen immer noch ein »Bocken« des Geschützes begünstigt wird, ist falsch. Es muß im Gegenteil heißen: »Je kleiner die Elevation des Rohres ist, um so mehr wird das Bucken des Geschützes begünstigt und je größer die Elevation um so kleiner ist die Gefahr des Buckens.«

Die in der Schwerpunktslinie der nach dem Schuß zurücklaufenden Masse von Rohr und Bremszylinder auftretende Bremskraft K sucht die Lafette um den Lafettenschwanzsporn P in der ange-
deuteten Pfeilrichtung R zu drehen und zwar mit dem Hebel k, wenn, wie in der oberen Abbildung dargestellt, das Rohr die Elevation gleich Null hat. Nimmt dagegen das Rohr, wie in der unteren Abbildung angegeben, mit der Horizontalen den Winkel a ein, so hat der Hebel der Bremskraft K nur noch die Größe k'. Ist die Elevation des Rohres noch größer, so daß die Schwerpunktslinie $x — x$ durch den Lafettenschwanzsporn geht, so ist der Hebel der Bremskraft K gleich Null. Bei noch größerer Elevation wird dieser Hebel sogar negativ, d. h. die bremsende Kraft K wird jetzt sogar die Lafettenräder noch stärker gegen den Erdboden zu pressen suchen, als es der auf die Lafettenräder ausgeübte Geschützgewichtsdruck vermag.

Bedeutet G das im Schwerpunkt des Geschützes p konzentriert gedachte Gewicht des Geschützes — also Rohr und Lafette — und ist g die horizontale Ent-

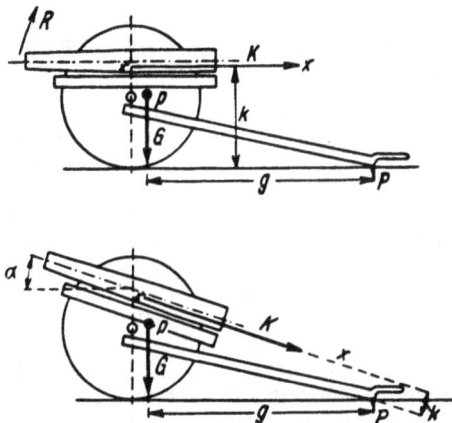

fernung des Geschützschwerpunktes p vom Lafettenschwanzsporn P, so ersieht man aus der Zeichnung, daß dieses Drehmoment $G \cdot g$ dem Bremskraftmoment $K \cdot k$ entgegenwirkt. Damit die Räder der Lafette sich nicht vom Boden abheben, muß also die Gleichung $K \cdot k \leqq G \cdot g$ erfüllt sein oder mit anderen Worten, das Drehmoment der Bremskraft um den Lafettensporn P muß kleiner oder höchstens gleich dem Drehmoment des Geschützgewichtes um den Lafettensporn sein. Im übrigen verweise ich auf S. 73 u. 74.

Man sollte nun glauben, Ehrhardt hätte an der auf dieser Seite beschriebenen einfachen Konstruktion doch erkennen müssen, warum die auf diese Weise nach rückwärts verlängerte Lafette nicht mehr buckt. Dem widerspricht jedoch das zwei Jahre später von ihm genommene deutsche Reichspatent Nr. 127137/72 I »Heinrich Ehrhardt in Düsseldorf, Feldgeschütz mit langer Lafette«, vom 3. März 1901. Der Patentanspruch hiervon lautet: »Ein Feldgeschütz, dadurch gekennzeichnet, daß die das Rohr tragende Oberlafette bis zur Rohrmündung reicht und dort mit der verlängerten Unterlafette gelenkig verbunden ist, zu dem Zwecke, den Winkel, den die Unterlafette mit der Richtung des Rückstoßes einschließt, möglichst zu verkleinern und so ein Bucken des Geschützes zu verhüten, ohne daß die Baulänge desselben vergrößert und damit die Fahr- und Lenkbarkeit beeinträchtigt wird.«

Selbstverständlich war eine derartige Patentanmeldung neu und Krupp hat in diesem Falle auch keinen Einspruch erhoben, wie seinerzeit bei meiner Anmeldung der Teleskop-Lafette. Es steht aber der Erteilung eines solchen Patentes der Paragraph 1 des Patentgesetzes entgegen. Da das Patentamt vor allem die Erfindung auf Neuheit prüft, so hat es das Patent erteilt, ohne genügend zu beachten, daß die Art der Darstellung der Kräfte in der Patentzeichnung einem Trugschluß entspringt. Die graphischen Darstellungen in der Patentschrift sind eben Vexierbilder und ich habe mir im folgenden die Mühe genommen, sie zu enträtseln.

Ich nehme zur Demonstration das in der Patentschrift dargestellte Bild Abb. 1 und die graphische Darstellung Abb. 4, welche ich in der nebenstehenden Abb. 2 wiedergegeben habe. In dieser Abb. 2 habe ich außer der die Neuerung bildenden Unterlafette U_e auch die normale Unterlafette U_a eingezeichnet. Bei dieser greift die die zurücklaufende Masse zur Ruhe bringende Kraft P in der Radachse v_a an und die das Geschütz zu heben suchende Kraftkomponente ist gleich P'', während bei der neuen Unterlafette U_e die Kraft P gleichfalls am vorderen Ende v_e der Unterlafette U_e angreift und die das Geschütz zu hebensuchende Kraftkomponente P_y allerdings bedeutend kleiner ist.

Das Drehen oder Heben des Geschützes um den Lafettenschwanz als Drehpunkt ist aber nicht allein abhängig von der Kraft P'' einerseits und der Kraft P_y anderseits, sondern auch von der Länge des Hebelarms d einerseits und des Hebelarms d_1 anderseits, so daß man ohne weiteres erkennen kann, daß der Unterschied in der Wirkung nicht so groß ist, als wenn man irrigerweise die Kräfte P'' und P_y allein betrachtet.

Nun kommt aber noch hinzu, daß der Erfinder in seinem Diagramm ganz übersehen hat, daß die Kraft P in Wirklichkeit in der Schwerpunktslinie S' der zurücklaufenden Masse, also in geringer Entfernung unter der Rohrachse auftritt. Man kamn nun unbeschadet der Wirkung dieser Kraft P eine gleiche Kraft P parallel zu dieser am vorderen Ende u_a der Unterlafette U_a angreifen lassen, wenn man sie nur durch eine in entgegengesetzter Richtung wirkende gleiche Kraft wieder aufhebt.

Auf diese Weise hat man ein Drehpaar $P \cdot a$, welches im Sinne des Uhrzeigers die Lafette um den Lafettenschwanz zu drehen sucht und die nach dem Erfinder eingezeichnete Kraft P mit dem Angriffspunkt in u_a.

Dieselbe Manipulation kann man auch für die neue Unterlafette U_e machen. Man hat hier alsdann das Kräftedrehpaar $P \cdot b$, welches im gleichen Sinne dreht und

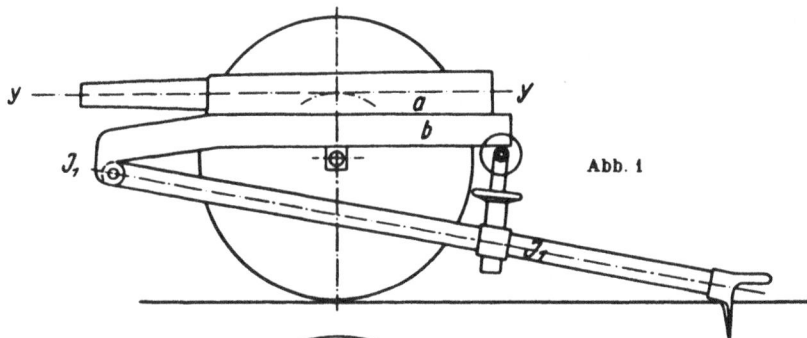

Abb. 1

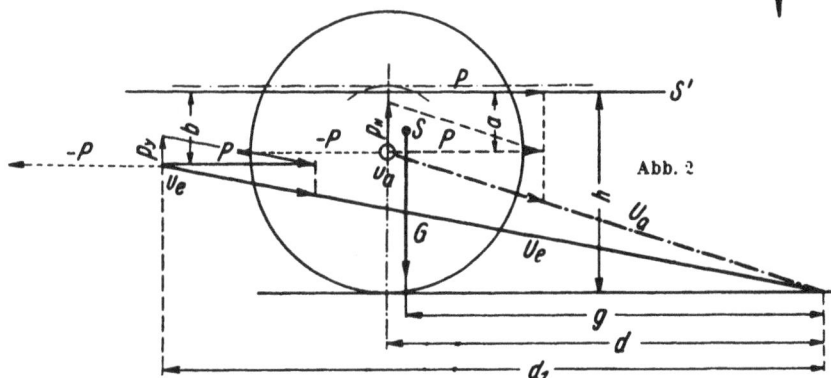

Abb. 2

die Lafette um den Lafettenschwanz zu drehen sucht und die in der Patentzeichnung eingetragene Kraft P im Angriffspunkt u_e. Wie man nun auch hieraus ersehen kann, ist $P \cdot a$ kleiner als $P \cdot b$ und demzufolge wird das mit der neuen Unterlafette U_e ausgestattete Geschütz durch das Drehpaar $P \cdot b$ eher bucken als das mit der alten Unterlafette ausgestattete Geschütz. Wenn man nun im großen Maßstabe, um Zeichenfehler zu vermeiden, diese Zeichnung auf dem Reißbrett ausführt und auch jede andere beliebig weit über die Räderachse hinausgehende Unterlafette im Sinne des Erfinders annimmt, so wird immer die Gleichung $P'' \cdot d + P \cdot a = P_y \cdot d_1 + P \cdot b$ zu Recht bestehen.

Die neue durch den Patentanspruch geschützte Unterlafette, auch wenn sie ungezählte Meter lang ist, zeichnet sich also vor der alten Unterlafette, die direkt mit der Radachse verbunden ist, nur durch die Eigenschaft aus, die Lafette komplizierter und schwerer zu machen. Bezeichnet S den Schwerpunkt und G das in ihm konzentriert gedachte ganze Gewicht des Geschützes, g den horizontalen Abstand des Schwerpunktes S vom Lafettenschwanz, so muß, wie früher schon dargetan, $G \cdot g = P \cdot h$ sein, wobei h die Entfernung der die zurücklaufende Masse zur Ruhe bringenden Bremskraft P bedeutet. Soll die Lafette also sich nicht um den Lafettenschwanz drehen oder mit anderen Worten nicht bucken, so muß die Gleichung gelten:

$$p'' \cdot d + P \cdot a = p_v \cdot d_1 + P \cdot b = P \cdot h \gtreqless G \cdot g.$$

Damit ist erwiesen, daß diese patentierte sog. Erfindung gegenstandslos ist.

Wenn Ehrhardt auf S. 76 seines Buches weiter schreibt: »Herr Conrad Haußner war auch eine von denjenigen Persönlichkeiten, denen ich mancherlei Gutes erwiesen habe und die mir recht schlecht dafür gedankt haben«, so habe ich darauf zu erwidern, daß ich voll und ganz anerkenne, daß er im Jahre 1895 mehr Interesse und Verständnis für die Wichtigkeit meiner Erfindung an den Tag legte als Krupp und die preußische Militärverwaltung; dafür war und bin ich ihm heute noch dankbar. Gegen seinen Vorwurf freilich, daß ich ihm recht schlecht für das mir erwiesene Gute gedankt hätte, kann ich nur die Tatsachen sprechen lassen, die ein gegenteiliges Bild ergeben, und sein späteres Verhalten mir gegenüber in einem Lichte zeigen, wie ich es um ihn weder verdient habe, noch je von ihm erwartet hätte.

Es trifft nicht zu, was er z. B. S. 76, Zeile 18 ff., behauptet, ich hätte, als ich noch bei Krupp tätig war, auf irgendeine Weise erfahren, daß er sich mit dem Problem eines Präzisions-Schnellfeuergeschützes beschäftige. Das Gegenteil ist der Fall. Ich war ja bis 1. Oktober 1896 bei Krupp tätig und habe Ehrhardt, wie schon früher erwähnt, die Detailzeichnungen zur Ausführung eines Rohrrücklaufgeschützes im Jahre 1895 übergeben, so daß er schon im Frühjahr 1896 das teilweise fertige Geschütz vorführen konnte. Im Januar 1897, als ich bei Ehrhardt in Zella, St. Blasii, bereits in Diensten war, wurde es dann einer preußischen Kommission vorgeführt. Er selbst schreibt ja auf S. 77, im letzten Absatz seines Buches, daß seine Arbeiten auf dem Gebiete des Geschützbaues ziemlich gleichzeitig mit der Errichtung des Eisenacher Werkes einsetzten.

Nun schreibt er weiter auf S. 76 seines Buches, daß ich ihm meine Dienste angeboten hätte. Das ist richtig, denn ich wäre bei Krupp gerne schon ausgetreten, als dieser endgültig das System des langen Rohrrücklaufes abgelehnt hatte und seine Abneigung dagegen nicht gebrochen werden konnte.

Wenn aber Ehrhardt sagt, daß ich bei meinem Eintritt bei ihm am 1. Oktober 1896 zuerst in seinem Zivilbureau in Düsseldorf beschäftigt worden sei, so ist dies unrichtig. Dort war ich nicht einen Tag tätig. Am 1. Oktober 1896 trat ich in seine Dienste, und zwar sofort in seinen Werkstätten in Zella, St. Blasii, ein und hatte anfangs mit der Konstruktion von Fahrrädern und der weiteren Vollendung des nach meinen Zeichnungen nahezu fertiggestellten Rohrrücklaufgeschützes zu tun.

Wenn Ehrhardt (auf der gleichen Seite 76) schreibt, daß ich bei der Feststellung der günstigsten Bremskurven »mitgewirkt« hätte, also gleichsam als sein Handlanger, so verweise ich demgegenüber auf Seite 62 dieses Buches, soweit es über Bremszylinderzüge handelt. Die letzteren waren von mir allein errechnet und ausschließlich nach meinen Angaben ausgeführt worden. Ehrhardt hat hiezu nichts beigetragen.

Grotesk ist die Bemerkung Ehrhardts: »Als ich merkte, daß er gegen mich arbeitete, habe ich ihn nach der Fahrzeugfabrik Eisenach abgeschoben und später ist er nach den Vereinigten Staaten gegangen.«

Daß ich gegen ihn gearbeitet haben soll, als ich kaum einige Monate bei ihm war, ist widersinnig. Im Gegenteil, mein Interesse war doch darauf gerichtet, das Geschütz zu vervollkommnen, um meiner Idee zum Siege zu verhelfen. Wenn er aber etwa mit dem Entgegenarbeiten meinen sollte, daß ich auf seine Vorschläge nicht eingegangen sei, so lag dies eben in der Unbrauchbarkeit derselben. Er will mich also deswegen nach der Fahrzeugfabrik abgeschoben haben. Als mich Ehrhardt anstellte, handelte es sich um die Gründung einer Fahrzeugfabrik, in der Fahrzeuge aller Art, Fahrräder, Militärwagen, Lafetten usw. hergestellt werden sollten (vgl. meinen Anstellungsbrief, Anhang [2]).

Die Fabrik wurde am 4. Dezember 1896 gegründet und sollte in Eisenach gebaut werden. Ich selbst blieb noch bis Sommer 1897 in Zella, St. Blasii, wo ich seit meinem Eintritt in Fahrrad-Konstruktionen arbeitete, und siedelte dann endgültig nach Eisenach über. Da Preußen zu jener Zeit anfing, das starre Geschütz mit Seilbremse und umklappbarem Sporn Modell 96 in Massen zu fertigen, so brachte Ehrhardt mir gegenüber zum Ausdruck, daß es zwecklos sei, an dem Rohrrücklaufgeschütz weiter zu arbeiten. Erst nach Verlauf einiger Zeit, als allmählich bekannt wurde, daß die französische Artillerie ein Rohrrücklaufgeschütz zur Einführung gebracht habe und als von verschiedener Seite her die Frage wegen Einführung des Rohrrücklaufgeschützes ins Rollen kam, gewann auch Ehrhardt im Herbste 1898 wieder Interesse. Ich mußte daher häufig nach Zella, St. Blasii, fahren, um daselbst die Rohrrücklauf-Versuche fortzusetzen, bis später in Eisenach selbst mit der Ausführung von Konstruktionen begonnen wurde. Das kann man aber doch nicht, wie Ehrhardt sich ausdrückt, ein »Abschieben« meiner Person nach Eisenach nennen. Seine in meinen Händen befindlichen, zum Teil im Anhang wiedergegebenen Briefe aus jener Zeit beweisen das gerade Gegenteil.

Erst vom Ende des Jahres 1900 an änderte sich das Verhältnis zwischen Ehrhardt und mir. Ich gewann immer mehr den Eindruck, daß er mich los sein wollte. Zu jener Zeit weilte auch eine argentinische

Militärkommission in Deutschland, welche wegen Abnahme von Militär-
fahrzeugen in der Fahrzeugfabrik Eisenach zu tun hatte. Bei dieser
Gelegenheit hörte ein Offizier fraglicher Kommission gerade von einem
Auftritt, den ich mit Ehrhardt daselbst hatte. Er fragte mich deshalb
darauf, ob ich nicht Lust hätte, nach Argentinien zu kommen, um dort
eine Stelle zu übernehmen. Ich wurde dann von der Argentinischen
Regierung als Ingeniero Principal des Kriegsarsenals in Buenos-Aires
angestellt und trat am 31. Juli 1901 aus den Diensten des Ehrhardt-
Konzerns aus. Ende Oktober schiffte ich mich dann in Hamburg nach
Buenos-Aires ein. Noch beim Abschied von Ehrhardt im Zentral-Hotel
zu Berlin erklärte er mir: »Wir haben es in kurzer Zeit ein schönes Stück
vorwärts gebracht« und besiegelte dies durch einen Kuß.
Da ich von Argentinien aus viel mit dem Ehrhardt-Konzern wegen
meiner Patente zu korrespondieren hatte, ist es merkwürdig, daß er
mich in seinem Buche, S. 76, nach den Vereinigten Staaten gehen läßt
und mich dann »aus den Augen verliert«, trotzdem er mich sogar, wie-
wohl ohne Erfolg, unter falschen Angaben des Diebstahls bezichtigte,
als ich kaum den argentinischen Boden betreten hatte. Selbst Jahre
nachher noch schrieb er mir selbst nach Buenos-Aires!

Wenn Ehrhardt auf S. 77 schreibt, daß die Franzosen zu gleicher
Zeit wie er sich des Rohrrücklaufproblems angenommen hätten, so kann
sich dies nur auf die Privatfirmen beziehen, denn die französische Artillerie, die schon 1897 zur Einführung eines 75-mm-Rohrrücklauf-
geschützes schritt, hatte schon eine größere Anzahl Jahre vorher, und
zwar durch den Oberst Deport mit der Konstruktion dieses Geschützes
begonnen.

Auf S. 77, Abs. 3, bringt Ehrhardt zum Ausdruck, daß er das Rohr-
rücklaufproblem gelöst habe und daß sein Name, als der des eigentlichen
Erfinders, untrennbar mit dem Rohrrücklaufgeschütz verbunden sei.
Es kann nicht bestritten werden, daß die in seinen Werkstätten in Zella,
St. Blasii und später in der Fahrzeugfabrik Eisenach, deren Aufsichts-
ratsvorstand er war, ermöglichte Ausbildung des Rohrrücklaufgeschützes
die Ursache wurde, daß sowohl in Deutschland als auch in vielen anderen
Staaten dasselbe zur Einführung gelangte und daß alle Kanonenfabriken
sich schließlich dem System zuwandten. Was dagegen die konstruktive
Durchbildung anlangt, so steht ihm auf keinen Fall das Recht zu, diese
für sich zu beanspruchen. Der Erfinder der Lafette mit langem Rohrrücklauf bin ich und ich habe dieselbe bis zu einer kriegsbrauchbaren
Waffe in der Zeit vom November 1888 bis Juli 1901 ausschließlich und
allein durchgebildet. Ehrhardt als Erfinder des Rohrrücklaufgeschützes
zu bezeichnen, widerspricht somit den Tatsachen. Das mit dem System
Ehrhardt bezeichnete Geschütz beruhte nur auf meinen Patenten; es
wurde zunächst in dem von mir mit dem Ehrhardt-Konzern geschlossenen Kaufvertrage als das Ehrhardt-Haußnersche bezeichnet. Schließ-

lich wurde es aber von Ehrhardt und seinen Anhängern nur noch das System Ehrhardt genannt. So und nicht anders kam der Name Ehrhardt mit dem Rohrrücklaufgeschütz in Verbindung.

Der Dieselmotor hat seinen Namen nach seinem Erfinder Rudolf Diesel. Das Verdienst, den Motor zu einer brauchbaren Maschine und in langjähriger Arbeit der Maschinenfabrik Augsburg zu einer Vollkommenheit gebracht zu haben, gebührt dem früheren Leiter der genannten Firma, Geheimrat Heinrich von Buz, der trotzdem den Motor weder Buzmotor genannt, noch sich je für den Erfinder ausgegeben hat.

Ich verweise hier auf meinen Brief vom 2. April 1900 und auf den Brief Ehrhardts vom 5. Juli 1900 (vgl. Anhang [3] u. [4]).

Auch die Reichsgerichtsentscheidung $\frac{I\,588/10}{8}$ vom 5. Dezember 1911 ist hier zu erwähnen.

Es handelt sich darin um die von mir angestrengte Feststellungsklage gegen den Ehrhardt-Konzern, ob die von mir genommenen Detailpatente auf das Rohrvorlaufsystem gemäß des Vertrages mit dem Ehrhardt-Konzern unter diesen Vertrag fallen, was in allen Instanzen, nämlich Landgericht Eisenach, Oberlandesgericht Jena und Reichsgericht Leipzig zu meinen Gunsten entschieden wurde, d. h. daß Patente auf das von mir gleichfalls erfundene Rohrvorlaufsystem nicht unter den Vertrag fallen.

Das Reichsgericht sagt in seiner Entscheidung unter Tatbestand: »Kläger (Haußner) hat Ende der 80er Jahre das sog. System des langen Rohrrücklaufes erfunden, welches nicht durch Patente geschützt wurde und seit 1891 allgemein bekannt war. Hernach machte er weitere Erfindungen zur Verbesserung dieses Systems, auf welche ihm vier deutsche Reichspatente und ein englisches Patent erteilt wurden. Durch Vertrag mit dem Geheimen Baurat Ehrhardt vom 27. Juli 1899 verkaufte er diesem die fünf Patente nebst einer noch schwebenden Patentanmeldung (Verlängerbare Unterlafette, Patentanmeldung vom 30. März 1899 H 21905 III/72; d. Verf.) für M. 10000, wobei ihm außerdem für jede Lafette eine Abgabe von M. 100 zugesichert wurde usw.«

Weiter sagt das Reichsgericht unter »Entscheidungsgründe«: »Die Entscheidung im Vorprozesse[1]) kann für den gegenwärtigen Rechtsstreit nicht maßgebend sein. Es handelt sich um Auslegung einer an sich zweifelhaften Vertragsbestimmung, bei der, wie schon die mehrfachen sich widersprechenden Entscheidungen deutscher und österreichischer Gerichte ergaben, gute Gründe für beide Auffassungen geltend

---

[1]) Es handelt sich um mein D. R. P. 160189, Konrad Haußner in Buenos-Aires, »Vorrichtung zur selbsttätigen Regelung von Flüssigkeitsbremsen für Rohrrücklaufgeschütze« vom 27. September 1902, nach welchem der Ehrhardt-Konzern die Haubitzen mit veränderlichem Rohrrücklauf gebaut hat und teilweise auch Krupp.

zu machen sind. Die Vorinstanzen hatten diese Entscheidungen vor sich, sie haben an Hand derselben und auf Grund einer neuen Beweisaufnahme die Sache einer nochmaligen sorgfältigen Prüfung unterzogen und sind darauf zu der Überzeugung gelangt, daß die Vertragsparteien ebenso wie der beim Abschlusse beteiligte Zeuge Junius die streitigen Worte im Sinn des Klägers (Haußner; d. Verf.) verstanden haben. Das ist eine tatsächliche Feststellung, die mit der Revision materiellrechtlich nicht angreifbar ist, weil sie mit dem Wortlaute des Vertrages vereinbar ist. Zwar gilt letzteres auch von der Auslegung der Beklagten. Wenn in dem Urteile des Kammergerichtes vom 13. März 1907, das durch Urteil des Reichsgerichts vom 14. April 1908 bestätigt wurde, diese Auslegung dahin präzisiert wird, daß unter dem Ehrhardt-Haußnerschen System eine Lafette verstanden sei, wie solche unter Benutzung der bereits zum Gemeingut der Technik gewordenen Rohrrücklaufvorrichtungen durch die unter Mitwirkung von Ehrhardt gemachten Erfindungen ihr besonderes Gepräge erhalten hatte, so hat sich jetzt herausgestellt, daß die in dieser Definition anscheinend enthaltene Einschränkung der klägerischen Auslegung fremd ist. Das Berufungsgericht Jena stellt fest, daß den Verträgen, abgesehen von den klägerischen Patenten, nicht ein besonderes, individuelles, nicht bloß der Tätigkeit des Klägers, sondern auch der Mitarbeit des Ehrhardt zu verdankendes System zugrunde gelegen hat, und daß, nahm man die von den klägerischen Patenten betroffenen Erfindungen hinweg, nichts übrig blieb, was nicht längst allgemein bekannt gewesen wäre.«

(Mit anderen Worten sagt also das Reichsgericht: Das Ehrhardt-Haußnersche Lafettensystem ist ausschließlich durch die Haußnerschen Patente gekennzeichnet gewesen. D. Verf.)

Das Reichsgericht fährt nun fort: »Und die Beklagten (der Ehrhardt-Konzern; d. Verf.) geben unumwunden zu, daß die jetzt im Streite befindlichen Patente oder Anmeldungsrechte keine Verbesserungen oder Ergänzungen der damals verkauften Schutzrechte darstellen; sie behaupten auch keinerlei sonstigen Zusammenhang mit diesen Schutzrechten, insbesondere nicht, daß die betreffenden Erfindungen sich mit Vorteil nebeneinander an demselben Geschütze verwerten lassen. Sie erklären zugleich ausdrücklich, das System des Paragraphen 6 sei dasjenige des langen Rohrrücklaufes in seiner praktischen Ausführung und ihre Darlegung am Schlusse des Tatbestandes des landgerichtlichen Urteiles läßt erkennen, daß sie die streitigen Schutzrechte nur deshalb in Anspruch nehmen zu können glauben, weil sie sich auf langen Rohrrücklauf im weitesten Sinne, mit Einschluß des veränderlichen Rohrrücklaufes und des durch den Schuß gehemmten und rückgängig gemachten Vorlaufes beziehen. Der Zusatz: »wie solche durch die fraglichen Erfindungen ihr besonderes Gepräge erhalten hatte« ist hiernach im Sinne der jetzigen Auslegung der Beklagten nicht als Einschränkung sondern nur als ein Hinweis zu verstehen. Auch diese weite Auslegung der Bestimmung, die vielleicht noch etwas über die Entscheidungen der Gerichte in dem deutschen Vorprozesse hinausgeht, ist an sich durchaus erklärlich und entbehrt keineswegs einer tatsächlichen Begründung. Wenn man erwägt, daß Haußner den langen Rohrrücklauf — wenngleich, ohne Schutzrechte dafür zu erwirken — erfunden hat und damit zunächst, insbesondere bei Krupp, Ablehnung erfuhr, dann aber bei Ehrhardt Verständnis für die Bedeutung der Erfindung und alle mögliche Förderung zur Verwirklichung derselben fand, daß ihm alsdann Ehrhardt die auf die grundlegende ungeschützte Erfindung bezüglichen Schutzrechte abkaufte und sein Verhältnis zu den beiden Beklagten[1]), denen er sie weiter übertragen hatte, vermittelte, so leuchtet es ohne weiteres ein, daß damals unter den Beteiligten das System des langen Rohrrücklaufes schlechthin ohne Rücksicht auf die darauf bezüglichen Schutzrechte sehr wohl als das »Ehrhardt-Haußnersche Lafettensystem« hätte bezeichnet werden können, weil diese beiden Männer es waren, die das System des langen Rohrrücklaufes unter Überwindung großer Schwierigkeit in Deutschland in großem Maßstabe auszuführen unternahmen. «

Wenn Ehrhardt auf S. 77 seines Buches schreibt, daß das Ausland von der Rechtslage insoferne profitiert habe, als der verminderte deutsche Schutz auch die entsprechende Verminderung in den anderen Ländern zur Folge hatte, so kann man dieser Meinung nur zustimmen. Wenn er aber schreibt, daß die Franzosen sich des Rohrrücklaufproblems ungefähr gleichzeitig mit ihm angenommen hätten, so ist darauf zu bemerken, daß die französische Artillerie sich diesem Prinzip schon lange vor Ehrhardt zugewendet hatte, denn im Jahre 1897 hatte sie bereits ein abgeschlossenes zur Einführung bereites Modell und ihre ersten Versuche dürften meiner Schätzung nach bis spätestens auf das Jahr 1894 zurückgehen. Anders verhält es sich mit der französischen Privatindustrie, die auch erst gegen Ende des 19. Jahrhunderts die Feldgeschützfrage mittels des langen Rohrrücklaufes zu lösen suchte.

Ebenso ist es unrichtig, wenn Ehrhardt auf S. 78 seines Buches schreibt: »Die erste Lösung, auf die ich verfiel, benutzte denn auch eine Reibungsbremse, um den Rücklauf zu drosseln usw.«

Die erste von mir für Ehrhardt entworfene Rohrrücklauflafette aus dem Jahre 1895 — vor dieser Zeit hat Ehrhardt kein Rohrrücklaufgeschütz gebaut — war mit hydraulischer Bremse ausgestattet. Erst im Jahre 1899, als ich schon lange Zeit in Eisenach tätig war, fing er in Zella, St. Blasii, an, die hydraulische Bremse durch eine Reibungsbremse ersetzen zu wollen, während ich schon ca. 8 Jahre vorher theoretisch, also

---

[1]) Fahrzeugfabrik Eisenach und Rheinische Metallwaren- und Maschinenfabrik.

ohne Versuch, vorausgesehen hatte, daß dieser Weg nicht zum Ziele führen könne. Ehrhardt aber mußte erst durch kostspielige Versuche an Rohrrücklaufgeschützen sich überzeugen lassen, daß die Reibungsbremse die hydraulische Bremse nie verdrängen kann. Hätte Ehrhardt meinem Urteil über eine solche Bremse Glauben geschenkt, so hätten er und später sein Konzern sich viele Kosten ersparen können.

S. 80 habe ich bereits einer von mir erfundenen Reibungsbremse Erwähnung getan. Wie dort zum Ausdruck gebracht worden ist, wollte die türkische Militärkommission außer einem Rohrrücklaufgeschütz mit hydraulischer Bremse auch eine gewöhnliche starre Lafette mit elastischem Lafettensporn vorgeführt haben, da zu jener Zeit die Firma Krupp ausschließlich solche Geschütze anbot. Von Ehrhardt erhielt ich nun einen Brief vom 3. März 1899 (s. Anhang [5]) und einen Brief seines Sekretärs vom gleichen Tage (s. Anhang [6]). Letzterem war eine Lichtpause des schon auf S. 78 erwähnten Doppelsporns beigelegt gewesen. Wie schon auf S. 80 angeführt, wurden nun starre Lafetten mit diesem Sporn in Arbeit genommen. Daneben ließ ich aber auch eine starre Lafette mit meiner Reibungsbremse ausführen, wie sie das Bild auf S. 83 zeigt.

Unterm 4. August 1899 sandte mir nun Ehrhardt einen Brief (s. Anhang [7]) mit der Zeichnung einer Bremse, welche im wesentlichen durch untenstehende Abb. 1 und 2 charakterisiert wird, während

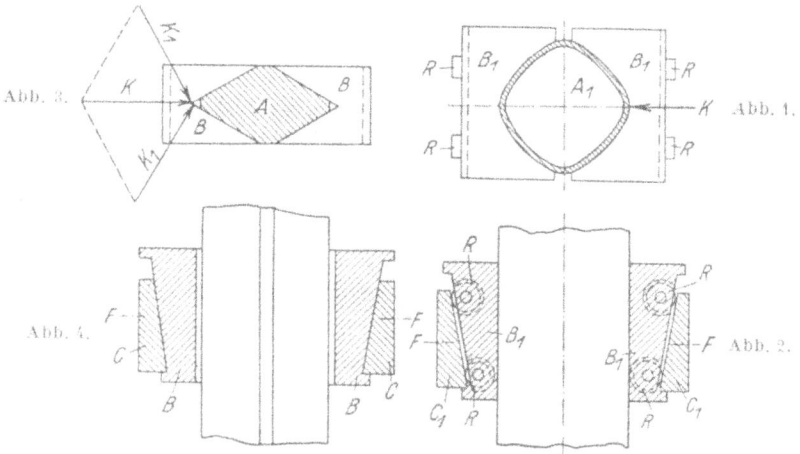

die Abb. 3 und 4 meine Reibungsbremse darstellen, nach welcher bereits anfangs März 1899 konstruiert wurde. Wie man ersieht, stellt die Ehrhardtsche Konstruktion im Prinzip nichts anderes dar als in verkleideter Form meine bereits an der türkischen Lafette ausgeführte und ausprobierte Reibungsbremse, ganz abgesehen davon, daß der Querschnitt der Bremsstange in bezug auf Herstellung und Wirkung äußerst unvorteilhaft war.

Um mir meine Erfindung zu sichern, meldete ich sie zum Patente an. Kaum war ich einige Wochen in Buenos-Aires, so wurde mir die Mitteilung des deutschen Patentamtes zugestellt, daß die Fahrzeugfabrik Eisenach gegen meine Anmeldung Einspruch erhoben habe, und zwar mit der Begründung, daß ich diese Erfindung einer Zeichnung Ehrhardts entnommen hätte (s. Anhang [8]). Der Einspruch wurde dann mit Schreiben vom 4. Januar 1902 (s. Anhang [9]) näher begründet. Zu dieser Begründung habe ich nur zu bemerken, daß ich alle darin aufgeführten Briefe und Zeichnungen bzw. deren Erhalt anerkenne, jedoch mit Ausnahme der Zeichnung, welche mir angeblich mit dem Brief des Ehrhardtschen Sekretärs Anders vom 3. März 1899 zugegangen sein sollte. Diese Zeichnung (s. Abb.) sah ich mit der Zustellung des Ein-

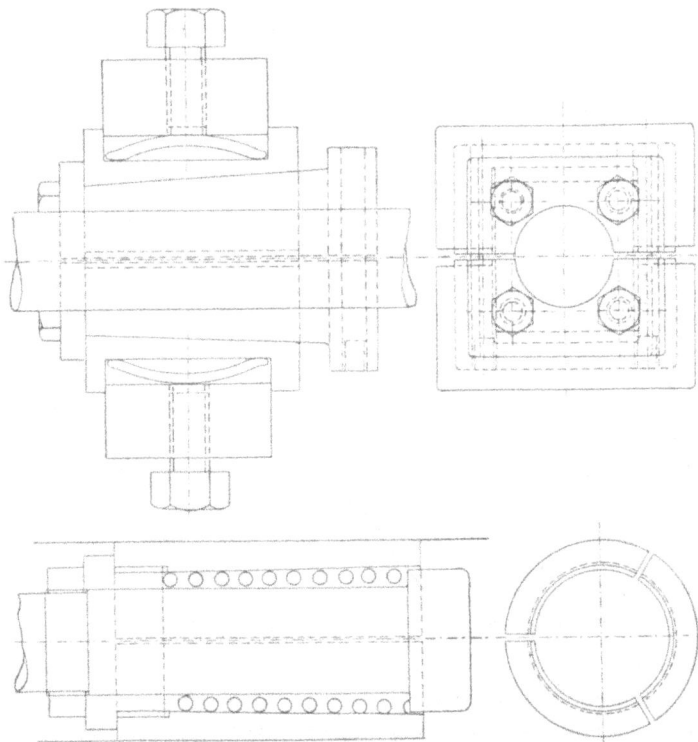

spruchs zum erstenmal. Mit jenem Briefe erhielt ich die Zeichnung einer Rücklaufbremse in Gestalt des Doppelsporns, wie aus dem Ehrhardtschen Briefe vom gleichen Tage hervorgeht. Es lag also eine mißbräuchliche Benützung des Begleitbriefes des Sekretärs vor, denn sowohl die Rei-

bungsbremse als der Doppelsporn sind Rücklaufbremsen. Den Ehrhardtschen Brief vom 3. März 1899 fand ich beim Durchstöbern meiner Akten
in Buenos-Aires vor und fand an dem Glanze der mit Kopiertinte ge-
schriebenen Schrift, daß er nicht kopiert war. Er konnte also dem Gedächtnis Ehrhardts entschwunden sein.

Aber wenn man selbst meiner Begründung keinen Glauben
schenken will, so geht aus dem Schreiben des gegnerischen Patent-
anwalts C. Kesseler an die Fahrzeugfabrik vom 3. September 1902
(s. Anhang [10]) klar hervor, daß die unerhörte Anschuldigung auf Dieb-
stahl Schiffbruch litt.

Daß Ehrhardt die treibende Kraft zu diesem Einspruche war, geht
daraus hervor, daß in einer Feststellungsklage wegen meiner Rohrvor-
laufpatente im Urteil des Landgerichts Eisenach unter Tatbestand auf-
geführt wird: »Der vom Kläger (Haußner) zur Sprache gebrachte Einspruch (nämlich gegen meine Patentanmeldung »Reibungsbremse«)
ist von der Beklagten unter 1 (Fahrzeugfabrik Eisenach) auf Betreiben
des Geheimen Baurats Ehrhardt lediglich erfolgt, um dessen Erfinderehre zu wahren.« — Also »Erfinderehre« auf Kosten des wirklichen
Erfinders.

Es folgte nun die weitere Auseinandersetzung vor dem Patentamte,
ob ich die Erfindung gemacht hätte, als ich in der Fahrzeugfabrik tätig
war oder schon vorher. Aber auch diese Frage wurde zu meinen Gunsten
entschieden, da ich die Erfindung bereits mit Beginn der 90er Jahre
gemacht hatte.

Nachdem genau 3 Jahre seit der Patentanmeldung verflossen waren,
erfolgte nunmehr die Entscheidung des Patentamtes unterm 16. November 1903 mit der Begründung, daß der Einspruch gegen die Erteilung eines Patentes an Konrad Haußner in Buenos-Aires für gerechtfertigt nicht erachtet worden ist und daß das Patent dem Anmelder in
vollem Umfange erteilt wird (s. Anhang [11]). Später erklärte Ehrhardt, daß man den Einspruch nicht weiter verfolgt habe, weil man auf
das Patent keinen Wert mehr gelegt hat. Aber vor dem Landgerichte
Eisenach wurde doch erklärt, daß der Einspruch auf Ehrhardts Betreiben gemacht worden wäre, um seine Erfinderehre zu wahren. Die
Erfinderehre war also für ihn jetzt wertlos, weil er sie nicht erreichen
konnte.

.Kennzeichnend sind noch die verschiedenen Briefe, die mir von der
Gegenpartei in der Zeit zugingen, als man voraussehen konnte, daß der
Einspruch zu Fall kommen würde. Ich greife nur einen heraus, nämlich
den des damaligen Vorsitzenden des Aufsichtsrates der Fahrzeugfabrik,
Zivilingenieur Henzel (s. Anhang [12]).

Dieser Einspruch gegen meine Patentanmeldung hatte zwischen
Ehrhardt und mir eine unheilbare Trennung geschaffen.

Ehrhardt schreibt auf S. 83 im vorletzten Absatz: »Ich war 1896 mit der ersten Lösung des Problemes so weit, daß ich es wagen konnte, das Rohrrücklaufgeschütz Interessenten vorzuführen. Es kamen auch einige Offiziere der Artillerie-Prüfungskommission . . .« Das war das erste Geschütz, zu dem ich noch von Essen aus die Detailzeichnungen auf sein Verlangen geliefert hatte und das ich nach meinem Eintritt am 1. Oktober 1896 noch weiter vervollkommnete. Zu Beginn des Jahres 1897 wurde es den von Ehrhardt genannten Offizieren der Artillerie-Prüfungskommission vorgeführt.

Im letzten Absatz S. 83 heißt es: »Ich selbst kam in diesen Monaten (also 1896; d. Verf.) nach Aufgabe der festen Bremse (Reibungsbremse; d. Verf.) auf die neue Idee der Flüssigkeitsbremse und verfolgte daher die Angelegenheit zunächst nicht weiter, weil ich eben nur mit einer gut durchgearbeiteten und bis in die kleinsten Einzelheiten vollkommenen Sache vor die Interessenten treten wollte. Im Jahre 1899 war ich aber so weit, daß ich meine eigene Konstruktion für gut feldbrauchbar erachtete . . .«

Zwischen den Angaben seines Buches und denen seiner Briefe besteht also ein Widerspruch, wie er krasser nicht sein kann: denn in seinem Buche spricht er von dem Abschluß der Reibungsbremse im Jahre 1896, während sein Brief vom Jahre 1899 (Anhang [7]) und der Kochs (Anhang [14]) beweisen, daß er erst 1899 mit der Anwendung der Reibungsbremse für das Rohrrücklaufgeschütz überhaupt begonnen hat, nachdem die hydraulische Bremse schon 3 Jahre beim Versuchsgeschütz in Verwendung war. Ehrhardt traut den Lesern wenig Urteilsvermögen zu!

Auf S. 87 seines Buches schreibt Ehrhardt im letzten Absatz: »Er (nämlich Exzellenz von Fuchs von Bimbach; d. Verf.) sorgte dafür, daß ich den größten Teil der Federsporngeschütze der Feldartillerie zum Umarbeiten in Rohrrücklaufgeschütze und zur Ausstattung mit neuen, von mir konstruierten Rohrverschlüssen in Auftrag erhielt . . .«

Was die Ausstattung mit neuem Rohrverschluß (Schubkurbelverschluß; d. Verf.) angeht, so habe ich ja auf S. 97—100 auseinandergesetzt, daß Koch der Erfinder und Konstrukteur war und nicht Ehrhardt. Koch hat die Erfindung nach seiner eigenen Angabe vor Mitteilung an Ehrhardt zu Hause ausgebildet und die Konstruktionszeichnung im Frühjahre 1901 in der Fahrzeugfabrik Eisenach gemacht. Im Sommer 1901 hat Ehrhardt diesen Verschluß Offizieren der Artillerie-Prüfungskommission, unter ihnen auch Oberst Schuch, zum erstenmal gezeigt. Für diese Erfindung hat Koch auf Veranlassung Ehrhardts vom Ehrhardt-Konzern 600 Mark erhalten. Nachdem Koch nun später erfahren hatte, daß der Ehrhardt-Konzern für den Keilverschluß 600000 Mark erhalten habe und außerdem Ehrhardt die Aptierung der Verschlüsse

C/96 übertragen worden sei, so glaubte er auch mit vollem Rechte, daß ihm hierfür eine Gratifikation zustünde und daß die 600 Mark kein Entgelt für eine solche Leistung seien. Nebenbei bemerkt bekam der Ehrhardt-Konzern für den auch von Koch erfundenen Schraubenverschluß von den Vereinigten Staaten für jeden ausgeführten Verschluß 100 Dollar, Koch dagegen überhaupt nichts.

Koch schrieb deshalb unterm 20. September 1912 wegen des Keil- bzw. Schubkurbelverschlusses den im Anhang unter [13] aufgeführten Brief an Ehrhardt, um seinen bewiesenen und berechtigten Erfinderanspruch zu wahren.

Auf diesen Brief erwiderte Ehrhardt in charakteristischer Weise:

Park-Hotel München, den 1. 10. 12.

Herrn Norbert Koch,

Essen a. d. Ruhr.

Ich empfing Ihre gefl. Zeilen vom 20. pst., auf welche ich nur das wiederhole, was ich Ihnen schon geschrieben habe.

Nützlich wäre es für Sie, wenn Sie die Reise nach Zella machten, um sich die Entwickelung und die Anfänge des Keil- resp. Schubkurbelverschlusses anzusehen. Sie würden dabei manches in ihrem Gedächtnis auffrischen nicht allein die Entwicklung des Keil-Verschlusses sondern auch die verschiedenen Formen geschlossener Ober-Lafetten etc.

Es tangiert mich nicht die Anrufung der Herren Korodi, Haußner und Konsorten und ich habe die Freude, mich Ihnen gehorsamst zu empfehlen   hochachtungsvoll

gez. Heinrich Ehrhardt.

Koch schritt zur Klage. Das Landgericht Eisenach, Oberlandesgericht Jena und das Reichsgericht Leipzig stellten auch fest, daß Koch der Erfinder sowohl des Schubkurbelverschlusses als auch des fraglichen Schraubenverschlusses mit exzentrisch gelagertem Schlagbolzen sei, obwohl von seiten des Ehrhardt-Konzerns mit allen Mitteln versucht. worden war, dies zu bestreiten. Die sämtlichen Instanzen stellten sich jedoch auf den Standpunkt, daß der früher an Koch gegebene Betrag in Höhe von 600 Mark als Abfindung anzusehen sei.

Bald nach meiner Abreise nach Argentinien fingen die viele Jahre dauernden Prozesse zwischen der Firma Krupp und dem Ehrhardt-Konzern wegen meiner Rohrrücklauf-Patente an. Krupp war von Anfang an meiner Erfindung des Systems des langen Rohrrücklaufes, d. h. seit ich sie ihm im November 1888 unterbreitet hatte, abgeneigt gewesen und auch sein Schießbericht Nr. 89, der 1898 erschien, spricht sich gegen das Rohrrücklaufgeschütz aus. Als aber ruchbar wurde, daß

Frankreich ein solches Geschütz eingeführt habe und auch die französischen Firmen sich dem langen Rohrrücklauf zuwandten, sah sich Krupp gezwungen, das gleiche zu tun. Da die Erfindung des Systems von mir fehlerhafterweise im D. R. P. Nr. 61224 nicht durch Patentanspruch geschützt worden ist, sondern nur eine spezielle Ausführung, so konnten natürlich die Kanonenfabriken auch solche Geschütze bauen, denn es führen ja bekanntlich viele Wege nach Rom. Aber die Aufgabe, eine gegen feindliche Geschosse gesicherte Lafette mit langem Rohrrücklauf zu konstruieren, ohne die Gewichtsgrenze zu überschreiten, war doch immerhin nicht so einfacher Natur. Die deutschen Reichspatente Nr. 95336 und 95050 stellen das Resultat der organischen Entwicklung des Feldgeschützes mit langem Rohrrücklauf dar, welche ich zielbewußt trotz Widerstände aller Art vom November 1888 bis Februar 1897 durchführte. Der von mir ohne Vorbilder eingeschlagene Weg war ein sehr guter, sobald für die Lafette Flüssigkeitsbremse und Federvorholer zur Verwendung gelangten. Charakterisiert ist diese Anordnung einmal durch Führung des Rohres auf einer aus Stahlblech hergestellten Oberlafette mit Führungsleisten für das Rohr, welche den mit dem Rohr fest verbundenen Bremszylinder nebst der um den Bremszylinder gewickelten Feder mit Spielraum behufs Sicherung der Funktion auch bei Einbeulungen der Oberlafette noch sichert, ferner durch den Schutz der Gleitflächen — durch am Rohre angebrachte Schutzbleche — gegen Fremdkörper jeder Art und endlich durch ein leicht lösbares Widerlager an der Oberlafette zum bequemen Einbringen und Herausnehmen der als Vorholer dienenden Schraubenfeder.

Die Kanonenfabriken suchten vom Jahre 1897 ab auch eine Feldlafette mit langem Rohrrücklauf zu bauen; aber weil sie keine zufriedenstellende Konstruktion fanden, sahen sie sich genötigt, meine Lösung nachzuahmen. Wenn sie einwenden wollen, wie es die Nacherfinder nach Durchstöberung der Patentschriften herausfinden, daß dieses oder jenes Detail schon vorher bekannt gewesen sei, so antworte ich ihnen mit Ben Akiba: »Gewiß, alles ist schon dagewesen«. Dann aber stelle ich an sie die Frage: »Warum habt ihr denn nicht schon vor mir dieses Dagewesene zusammengestellt, um etwas Feldtaugliches zu schaffen, sondern abgewartet, bis die Lösung gezeigt wurde?« Das Verdienst, manches an der Konstruktion später verbessert zu haben, wie es z. B. Krupp durch Ersatz der ineinandergeschachtelten Federn durch eine einzige Rechtecksfeder oder durch seine ganz geschlossene Oberlafette getan hat, ist nicht abzuleugnen; aber dadurch konnte bei gleicher Qualität des Materials nicht leichter gebaut werden. Wie die Dampfmaschine heute noch verbessert wird, so wird auch das Rohrrücklaufgeschütz sich noch weiter ausbauen und vervollkommnen lassen.

Wenn ich nicht irre, sagt General Wille, der Ehrhardt als den Erfinder des Ehrhardt-Haußner-Rohrrücklaufgeschützes in seinem Buche

»Ehrhardt-Geschütze« feiert, unter Anspielung auf mich, daß die Idee noch gar nichts sei, sondern die praktische Ausführung. Ich vergleiche die Idee mit dem Samenkorn des Baumes. Sowenig der Gärtner einen Baum ziehen kann ohne Samenkorn, ebensowenig konnte auch die Feldlafette mit langem Rohrrücklauf gebaut werden ohne die Idee des langen Rohrrücklaufes. Um aber einer großen Idee Gestalt und Leben zu verleihen, braucht es eben Zeit. Steckt man sich ein kleines Ziel, wie bei der starren Lafette mit elastischem Sporn, so läuft man Gefahr, daß die Idee schon bei ihrer Verwirklichung veraltet ist. Das Rohrrücklaufgeschütz jedoch, das im Weltkriege bereits alle beteiligten Staaten verwendeten, ist selbst am Ende des Weltkrieges noch nicht veraltet. Während das in einzelnen Staaten zur Einführung gelangte Federsporngeschütz eine nur kurze Zeit lebende Erfindung war, wird mein System des langen Rohrrücklaufs, insoweit man überhaupt noch Geschütze bauen wird, nach menschlichem Ermessen auch in der nächsten Zukunft seinen Wert erweisen.

Ich schließe diesen Teil meiner Ausführungen mit einer allgemeinen Bemerkung, da es mir nicht um persönliche Angelegenheiten zu tun war, sondern um die Sache selbst und das Ergebnis der an ihr erwachsenen Erfahrung. Es wird sich immer wiederholen, daß im Großbetrieb der Riesenwerke das geistige Eigentum der schöpferischen Konstrukteure und Erfinder, die in diesen Werken arbeiten, naturgemäß oder doch begreiflicherweise für die eigentlichen Urheber nicht immer genügend geschützt bleibt, sondern mehr oder weniger in den allgemeinen Produktionsstrom des Werkes miteinfließt.

Umso sorgfältiger sollten die schaffenden Ingenieure darauf achten, in ihren Patentformulierungen und -Ansprüchen so exakt und vorsichtig als nur möglich zu sein; die Werkleitung aber sollte sich ihrer Verpflichtung zur Rücksichtnahme auf diese geistigen Kräfte und schöpferischen Hilfsquellen bewußt bleiben, wofür in der Geschichte der deutschen Industrie ja auch so viele erfreuliche Beispiele angeführt werden können. Denn nur in der beiderseits befriedigenden und beiden Seiten wirklich gerecht werdenden Zusammenarbeit liegt die Gewähr für dauernden, gesunden Fortschritt.

Anhang.

L'Histoire du 75.

Le colonel Deport, le général Deloye, le général Sainte-Claire Deville et le colonel Rimailho.

Au moment où l'on vient d'organiser dans toute la France «la journée du 75», il n'est peut-être pas inutile d'exposer succinctement la genèse de notre glorieux canon et de rappeler les noms de ceux qui ont doté notre pays de ce matériel incomparable.

Les recherches qui ont présidé à sa naissance remontent à une époque fort ancienne. Dès 1890, l'artillerie française avait commencé à se préoccuper de la création d'un matériel de campagne à tir rapide, capable de donner des résultats analogues à ceux que réalisait déjà le matériel de bord. Amener sur le champ de bataille des canons capables de rivaliser, comme rapidité de tir, avec les Hotchkiss ou les Canet de nos cuirassés, tel était le problème qu'elle avait entrepris de résoudre.

Les canons en usage à cette époque et, en première ligne, les canons de 90 du colonel de Bange avaient beau être d'une puissance considérable et d'une précision qui n'a jamais été dépassée, ils étaient destinés à rester trop souvent sans effets sérieux parce que leur tir était *trop lent*. Le matériel 1877 tirait, en effet, presque deux fois moins vite que le canon lisse *à la Suédoise* de Gustave-Adolphe.

Pour atteindre un adversaire dont la principale préoccupation était désormais de se rendre insaisissable, il fallait renoncer aux anciens procédés et donner à l'artillerie une bouche à feu qui lui permît de balayer instantanément le terrain par un tir rasant, facilement orientable, exactement comme l'arroseur municipal, sans s'éloigner de la bouche d'eau, promène le jet de sa lance sur la chaussée.

Il fallait créer une bouche à feu qui fût capable, non point de rester complètement immobile pendant le tir (résultat mécaniquement irréalisable), mais de revenir à la même position après le départ de chaque coup. Le pointage n'étant plus dérangé, la rapidité du tir pouvait devenir aussi grande qu'il était nécessaire.

La solution du problème consistait à construire un affût assez solidement ancré dans le sol pour ne point bouger pendant tout le temps que le canon, relié à l'affût par un organe élastique chargé d'absorber son élan, reculerait sur des glissières convenablement disposées.

Des tentatives dans ce sens avaient été faites par divers officiers et notamment par le capitaine Locard, de la Fonderie de Bourges, mais elles n'avaient point abouti, tout au moins pour le matériel de campagne. La solution théorique du problème paraissait évidente, mais on se demandait encore si la réalisation pratique serait possible.

C'est alors que se produisit un incident curieux et assez ignoré, qui exerça sur la création de notre canon actuel une influence décisive.

Conséquences d'un renseignement inexact.

Le général Mathieu, alors directeur de l'artillerie au ministère de la Guerre, apprit par la source ordinaire qu'un ingénieur allemand, fort distingué du reste, M. Haußner, avait établi, chez Krupp, un modèle de bouche à feu *a long recul* ou plutôt, comme disent les techniciens allemands, *à recul du canon sur l'affût*. On ajoutait qu'après essai la maison Krupp n'avait pas hésité à entreprendre la construction de ce nouveau matériel. Le général, qui se connaissait en hommes, fit appeler le commandant Deport, alors directeur de l'atelier de construction de Puteaux, et lui demanda s'il croyait pouvoir réaliser de son côté une bouche à feu basée sur le principe du long recul. Le commandant Deport qui connaissait la question répondit, après quelque réflexion, qu'il était prêt à résoudre le problème posé; et, en 1894, il présentait au ministre de la Guerre, le général Mercier, un canon de campagne qui tirait jusqu'à 25 coups à la minute. Sa précision était parfaite et sa stabilité était telle que les deux principaux servants pouvaient rester, pendant le tir, assis sur des sièges faisant partie intégrante de l'affût. Le canon de 75 était né et il réalisait tous les desiderata qu'aurait pu émettre l'artilleur le plus exigeant.

Mais sa naissance avait été des plus laborieuses. Pendant de longs mois, le commandant Deport avait pâli sur chacun des détails de construction du nouvel engin, ne triomphant à grand'peine d'une difficulté que pour se trouver en face d'une difficulté nouvelle, et voyant sans cesse reculer devant lui la solution finale.

Après avoir mis au point une fermeture rapide dérivant de la culasse Nordenfelt, il lui avait fallu créer un frein hydropneumatique à longue course (1 m. 20), qui arrêtait progressivement le canon dans sa course arrière, pour le renvoyer ensuite à sa position de départ, sous l'action d'un récupérateur à air où régnait une pression supérieure à 100 atmosphères.

Il lui avait fallu encore adapter à la nouvelle pièce le système dit *à hausse indépendante* qui permet de maintenir le canon toujours pointé, les modifications de pointage pouvant s'effectuer au cours même du tir, etc. etc.

Et nous ne parlons ici que des principaux problèmes à résoudre[1]).

On s'imaginerait peut-être que, pendant que le commandant Deport travaillait si bien l'artillerie allemande accomplissait de son côté de bonne besogne. On se tromperait étrangement: l'artillerie allemande n'avait rien fait; elle était même moins avancée qu'au premier jour, car elle s'était engagée dans une voie fausse. C'est que, quelque étonnant que cela puisse paraître, les renseignements fournis au général Mathieu, les renseignements qui avaient présidé à la naissance du 75 étaient inexacts.

L'ingénieur Haußner avait bien établi un projet de canon; ce projet avait bien été exécuté à Essen; mais les essais mal dirigés, peut-être à dessein, avaient donné de mauvais résultats, et la maison Krupp, trop heureuse de l'échec d'une invention qui s'éloignait par trop de ses traditions, avait congédié l'ingénieur Haußner qui s'en alla chercher fortune dans l'Amérique du Sud. Mieux encore, les annuités du brevet que M. Haußner avait pris *en France* cessèrent d'être payées et le brevet, resté d'ailleurs parfaitement ignoré, tomba dans le domaine public.

La maison Krupp avait perdu la plus belle occasion peut-être qui se fût jamais présentée à elle, et, grace à son invincible entêtement, elle ne devait plus la retrouver, fort heureusement pour notre pays.

La mise au point du 75.

On voit que le renseignement inexact fourni au général Mathieu avait eu pour la France des conséquences singulièrement heureuses, en aiguillant le commandant Deport sur la voie de sa géniale découverte.

Celui-ci, promu lieutenant-colonel à un âge qui ne lui laissait plus l'espoir de voir ses services récompensés dans l'armée d'une façon équitable, se résigna à prendre sa retraite et entra à la Compagnie des Forges de Châtillon-Commentry, où il dirige toujours, à l'heure actuelle, le service de l'artillerie.

Il y fit encore de bonne besogne; c'est là, en effet, qu'il entreprit les recherches qui aboutirent d'une part à l'adoption du canon de 65 de montagne par l'artillerie française, et, d'autre part, à l'adoption du canon à grands champs de tir par l'artillerie italienne.

---

[1]) Une description du canon de 75 en service a paru dans *L'Illustration* du 12 décembre 1914.

L'organisation du canon de 75, qui devait bientôt devenir le canon modèle 1897 fut complétée après le départ du colonel Deport par le capitaine Sainte-Claire Deville (aujourd'hui général). Celui-ci acheva la mise au point du matériel, créa le *caisson armoire* à renversement, si commode pour abriter le personnel et distribuer les munitions, ainsi que le débouchoir automatique, qui permet de préparer les shrapnels en temps utile, quelle que soit la rapidité du tir. Il fut puissamment aidé dans sa tâche par un officier qui devait avoir, peu après, son heure de célébrité, le capitaine (aujourd'hui lieutenant-colonel) Rimailho, créateur du 155 court de campagne à tir rapide.

Comment le secret fut gardé.

Il ne suffisait pas de créer un matériel nouveau ; il fallait encore en faire décider l'adoption ; il fallait trouver le moyen d'imposer au Parlement la dépense formidable de sa construction ; il fallait aussi et surtout en cacher l'existence à nos adversaires.

Ce fut la tâche du général Deloye.

Directeur de l'artillerie au ministère de la Guerre après le général Mathieu, le général Deloye, esprit extrêmement remarquable, mais en même temps singulièrement délié, s'était bien vite rendu compte qu'on ne saurait conserver longtemps le secret d'un matériel nouveau, si l'on n'engageait pas les curieux sur une fausse piste.

Par une série d'ingénieuses maladresses, d'indiscrétions savantes et d'exhibitions mystérieuses, il parvint à faire croire à tous, et en particulier aux espions allemands, à l'ordinaire si bien renseignés, que notre futur matériel d'artillerie devait être un matériel, fort intéressant du reste, que le capitaine Ducros étudiait depuis longtemps à côté du 75. L'artillerie allemande s'emballa sur cette piste, et, en 1896, toute fière de nous avoir devancés, elle sortit en hâte un canon à tir accéléré analogue à celui du capitaine Ducros.

Cela fait, et les Allemands une fois trop engagés pour pouvoir revenir sur leurs pas, le général Deloye fit décider en grand secret l'adoption du 75, sans hésiter devant la responsabilité très grave que lui imposait la mise en service d'un matériel entièrement nouveau, rompant d'une façon complète avec les errements du passé. Il eut un mérite plus rare encore : l'homme scrupuleux qu'il était ne craignit point de faire construire une grande partie de ce matériel *sans aucun crédit*, ne reculant pas devant des irrégularités administratives pour se procurer les fonds nécessaires sans avoir à recourir aux Chambres. Il couronna son œuvre, un peu plus tard, en persuadant au Parlement de gager la construction du 75 sur les fonds à provenir de la vente des terrains de l'enceinte de Paris!

Ce rôle si important du général Deloye, homme aussi modeste en son genre que le colonel Deport, est resté à peu près ignoré. Une brève allusion y a cependant été faite à la tribune de la Chambre par le général de Galliffet, le 20 février 1900, dans les termes suivants:

«Vous aviez tout à l'heure devant vous l'homme auquel vous ne saurez jamais trop manifester votre reconnaissance, c'est le général Deloye. C'est à lui que nous devons la réfection de notre matériel d'artillerie . . . .»

En dépit de ce témoignage public, on n'a cependant point rendu, jusqu'à ce jour, au grand honnête homme et au bon citoyen qu'était le général Deloye, la justice qu'il méritait. Le moment paraît venu de rendre à sa mémoire un hommage trop longtemps retardé.

Il est, en effet, singulièrement heureux qu'un hasard inespéré ait permis à notre pays, il y a une vingtaine d'années, d'avoir en même temps le colonel Deport à l'atelier de construction de Puteaux et le général Deloye à la Direction de l'artillerie, au ministère de la Guerre, car c'est du labeur commun de ces deux hommes qu'est sorti, avec le canon de 75, le salut de notre Patrie.

Sauveroche.

— 122 —

[2]
Düsseldorf, den 12. August 1896.

Herrn Ingenieur Konrad Haußner,

Essen a. d. Ruhr.

Hierdurch bestätige ich, daß ich gestern mit Herrn Ingenieur Konrad Haußner, Essen a. Ruhr, vereinbart habe, daß ich denselben für die Leitung einer Fahrzeugfabrik, in welcher alle möglichen Fahrzeuge hergestellt werden, mit einem fixen Gehalt von M. 6000.— und freier Wohnung engagiert habe. Reise und Umzugskosten nach Zella, St. Blasii, Thüringen, woselbst Herr Haußner vorläufig sein Domizil zu nehmen hat, vergüte ich demselben und hat der Eintritt am 1. Oktober d. J. zu erfolgen. Die gegenseitige Kündigung ist auf 6 Monate festgesetzt und kann dieselbe nur am 1. Januar und 1. Juli eines jeden Jahres erfolgen.

Indem Sie mir gefl. Ihr Einverständnis hiermit bestätigen wollen, zeichne ich

Hochachtungsvoll

gez. Heinrich Ehrhardt.

[3]
Eisenach, 2. April 1900.

Herrn Geheimrat Ehrhardt, Hochwohlgeboren,

Zella, St. Blasii.

Unter Bezugnahme auf unsere gestrige mündliche Unterredung bestätige ich Ihnen nochmals, was ich schon unterm 27. Juni 1899 schriftlich erklärt habe, daß ich Ihnen das Ausführungsrecht meiner Konstruktion auf eine Räderlafette mit Rohrbremse gegen eine einmalige Entschädigung von 10000 M. (Zehntausend Mark), welche ich bereits von der Fahrzeugfabrik Eisenach erhalten habe und einer Abgabe von 100 M. (Einhundert Mark) pro angefertigter Lafette (für ein Kaliber bis zu 7,8 cm) überlasse. Die Abgabe für eine Lafette für Rohre über 7,8 cm Kaliber hat im Verhältnis zur genannten Abgabe zu stehen, wie die Kosten oder der Verkaufspreis zu den Kosten oder dem Verkaufspreis einer Lafette bis zu 7,8 cm Kaliber. Wird die Konstruktion an einen Staat behufs Fabrikation abgegeben, so erhalte ich gleichfalls pro Lafette die oben angegebene Lizenzgebühr.

Die Abrechnung hat bei der Fabrikation halbjährlich, und zwar bei einem Verkauf nach Abschluß des Geschäftes zu erfolgen.

Falls Herr Geheimrat Ehrhardt beabsichtigt, die Patente fallen zu lassen, so müßte ich drei Monate vor der Fälligkeit Kenntnis erhalten, damit ich imstande bin, die weitere Aufrechterhaltung meinerseits zu ermöglichen und gehen dann die Patente in mein Eigentum zurück.

Falls Sie mit Obigem einverstanden sind, bitte ich ergebenst um gefällige Bestätigung meines Schreibens.

Hochachtungsvoll

gez. Haußner.

[4]
Düsseldorf, den 5. Juli 1899.

An die Fahrzeugfabrik Eisenach

in Eisenach.

Hierdurch beantrage ich den Ankauf der auf den Namen des Herrn Oberingenieurs Konrad Haußner in Eisenach lautenden Patente:

1. D. R. P. Nr. 95047 »Räderlafette mit einer zum Wiedervorbringen des Geschützrohres bestimmten Feder«, patentiert vom 9. Dezember 1896 ab.

2. D. R. P. Nr. 95050 »Geschützrücklaufbremse mit Vorrichtung zum Einbringen und Spannen der Bremsfeder«, patentiert vom 12. Februar 1897 ab.
3. D. R. P. Nr. 95236 »Lafette mit dem Rück- und Vorlauf des Geschützrohres
regelnden Bremszylinder«, patentiert vom 8. Dezember 1896 ab.
4. D. R. P. Nr. 95411 »Seitenrichtvorrichtung für Räderlafetten«, patentiert
vom 9. Dezember 1896 ab.
5. Patentanmeldung vom 30. März 1899 H 21905 III/72 »Radlafette« (verlängerbare Unterlafette oder Teleskoplafette; d. Verf.). Nummer wird noch
bekanntgegeben.
6. Englisches Patent Nr. 14028 A. D. 1897 »Verbesserung in oder bezüglich
Geschütze und Geschützlafetten«, erteilt am 18. September 1897.

Das in Frage stehende Geschütz, welches gemeinschaftlich mit Herrn Haußner in
meinen Werkstätten in Zella, St. Blasii, in Thüringen konstruiert und gebaut wurde,
ist vielfachen Änderungen und Vervollkommnungen unterworfen worden, stellt aber
nunmehr eines der besten und vollkommensten Feldgeschütze der modernen Kriegs-
technik dar, so daß es von den ersten Autoritäten des In- und Auslandes als ein sehr
kriegsbrauchbares, gutes Feldgeschütz bezeichnet wird, und es scheint, daß die Zeit
gekommen ist, wo wir auch Aufträge darauf zu erwarten haben.

Nach wiederholten Verhandlungen mit Herrn Haußner schlage ich vor, die
genannten deutschen Reichspatente Nr. 95047, 95050, 95336, 95411 und H 21905
III/72 sowie das englische Patent Nr. 14928 A. D. 1897 anzukaufen, und zwar zu
folgenden Bedingungen:

a) Gegen eine Anzahlung von M. 44000. In diesem Preise sind gleichzeitig
einbegriffen: Der Kaufpreis für das komplette Geschütz, die gesamten Versuchs-
kosten, Änderungen etc. sowie sämtliche bis jetzt gezahlten Patentkosten.

b) Für jedes Feldgeschütz ist ferner eine Abgabe von M. 125 zu leisten pro
Lafette.

c) Gegen eine entsprechend höhere Abgabe für größere Geschütze als 7,8 cm
Kaliber. Diese höhere Abgabe soll analog dem erzielten höheren Preise geleistet
werden und wird angenommen, daß für eine hydraulische, gewöhnliche Feldlafette
der Preis von M. 2500 erzielt wird. Demnach würden für eine Lafette, die dem
Werte von M. 4000 entspricht, M. 200 zu zahlen sein, also durchschnittlich 5%.

Schiffs- und Küstengeschütze sind von einer Abgabe ausgeschlossen.

Hochachtungsvoll

gez. Heinrich Ehrhardt.

Einverstanden 6. 7. 1899, gez. Max Trinkhaus.
Einverstanden 7. 7. 1899, gez. L. Zuckermantel,
gez. Köhler 8. 7. 99.

[5]
Düsseldorf, den 3. März 1899.

Lieber Herr Haußner!

Ich sande Ihnen per Post einen flüchtigen Entwurf für die starre Lafette mit
einem doppelten Sporn in Ruhe, vor dem Schuß und nach dem Schuß dargestellt.
Ich komme aller Voraussicht noch Dienstag Abend 8 h 36 dort und können wir den
Abend im Rautenkranz noch sprechen. Ich habe vor einigen Tagen ein Rohr für die
hydraul. Bremse nach Zella gesandt und lasse 2 weitere Rohre folgen. Sorgen Sie,
bitte, dafür, daß das richtige Brems-Rohr schleunigst fertig wird, daß wir anstandslos schießen können. Auch für die feste Lafette wollen Sie sorgen, daß wir bald zum
Ziele kommen.

An A. u. K. Hahn habe ich geschrieben daß nächste Woche von den Herren einer nach Zella kommt, wo ich Sie bitte, auch zugegen zu sein, damit die Meß-apparate in Gang kommen.

Es kommen morgen Dänische Offiziere und Montag Rumänische. Schade daß wir nicht fertig sind.

Mit besten Grüßen

Ihr

gez. Heinrich Ehrhardt.

[6

Düsseldorf, den 3. März 1899.

Herrn Oberingenieur Haußner,

Zella St. Blasii.

Im Auftrage des Herrn Geheimrat übersende ich Ihnen einliegend eine Zeich-nung einer Rücklaufbremse zur gefl. Bedienung und zeichne ich

Hochachtungsvoll

p. pa. Heinrich Ehrhardt

gez. Karl Anders.

[7]

Düsseldorf, 4. August 1899.

Mein lieber Herr Haußner!

Ich habe heute in der Rheinischen veranlaßt, daß anstatt 4 Rohre 6 Stück für hydraulische resp. Friktions-Lafetten gefertigt werden, da wir diese unbedingt haben müssen, um da und dort operieren zu können. Ich denke mir auch einige mit Friktion und einige mit Hydraulik, je 1 Stück in Zella, 1 Stück in Eisenach und 1 Stück hier und dann 1—2 Stück zur Probe senden.

Dann außer den 6 Stück Rücklauflafetten noch 3 Stück starre mit Sporn, so daß wir im ganzen 9—10 Stück komplette Geschütze bekommen. Außerdem noch einige Gebirgskanonen.

Ich bitte Sie danach Ihre Dispositionen zu treffen und für alles zu sorgen. Verschlüsse, Geschosse mit Zündern etc., alles komplett. Ich bitte Sie, die Führung zu übernehmen und Sömmerda, Zella und die Rheinische heranzuziehen.

Ich sende Ihnen anbei noch den Entwurf für Friktionslauf mit Beschreibung; die Anordnung A und B bitte ich zu prüfen, die Anordnung der Rollen halte ich für nötig, um die momentane Festklemmung und Loslassung der Friktion zu gewähr-leisten.

Mit besten Grüßen bleibe ich freundschaftlichst

Ihr

gez. Heinrich Ehrhardt.

[8]

Berlin, den 6. Dezember 1901.

Gegen die Erteilung eines Patentes auf Grund der Anmeldung des Herrn Konrad Haußner in Eisenach vom 19. November 1900 »Reibungsbremse zum Regeln des Rück- und Vorlaufes mit selbsttätiger Rücklaufhemmung und selbsttätigem Vor-lauf« wird hiermit namens und im Auftrage der Fahrzeugfabrik Eisenach in Eisenach Einspruch erhoben.

Dem Einspruche liegen bei: 1 Vollmacht, 1 Abschrift.

Es wird beantragt, die Anmeldung zurückzuweisen.

Der Antrag wird wie folgt begründet:

Der wesentliche Inhalt der Anmeldung ist einer Zeichnung entnommen, welche das Aufsichtsratsmitglied der einsprechenden Firma, Herr Geheimer Baurat Ehrhardt in Düsseldorf im März 1899 an den Anmelder sandte, welcher damals Oberingenieur der einsprechenden Firma war. Alle Rechte aus dieser Zeichnung hat Herr Geheimer Baurat Ehrhardt an die einsprechende Firma übertragen. Sollten einzelne Abweichungen der angemeldeten Reibungsbremse von der erwähnten Zeichnung des Herrn Geheimen Baurats Ehrhardt an sich noch als patentfähige Erfindung angesehen werden, so steht dem Anmelder hieraus doch kein Eigentumsrecht zu, weil er zur Zeit der Anmeldung noch Angestellter der einsprechenden Firma war und mit der Konstruktion von Geschützen und Geschützzubehör beauftragt war.

Die Entscheidung würde somit nach der ständigen reichsgerichtlichen Praxis dem Geschäftsherrn, also der einsprechenden Firma gehören. Zur näheren Begründung des Einspruchs wird eine Frist von einem Monat erbeten.

Die Patentanwälte:

gez. C. Fehlert; G. Loubier, Harmsen und A. Büttner.

Der alsdann am 4. Januar an das Patentamt eingereichte begründete Einspruch der Fahrzeugfabrik durch ihre Patentanwälte lautete folgendermaßen:

H. 24912 III/72 c.   [9]

Haußner.   Berlin, den 4. Januar 1902.

In Sachen des am 6. Dezember 1901 eingereichten Einspruchs der Fahrzeugfabrik Eisenach in Eisenach gegen die Patentanmeldung H 24912 III/72 c des Herrn Haußner in Eisenach, betreffend: Reibungsbremse zum Regeln des Rück- und Vorlaufes mit selbsttätiger Rücklaufhemmung und selbsttätigem Vorlauf, wird anbei ein Aktenstück überreicht, enthaltend die notariell beglaubigte Abschrift

1. eines an Herrn Haußner gerichteten Schreibens vom 3.3.1899,
2. eines an Herrn Haußner gerichteten Schreibens vom 4.8.1899,
3. eines an die Fahrzeugfabrik gerichteten Schreibens vom 22.9.1899,
4. eines an die Fahrzeugfabrik gerichteten Schreibens vom 28.11.1899,
5. Kopie einer zum Schreiben vom 3. März 99 gehörenden Blaupause,
6. Kopie einer zum Schreiben vom 4. August 99 gehörenden Blaupause.

Ferner wird ein notariell beglaubigtes Dokument überreicht, nach welchem der Geheime Baurat Herr Heinrich Ehrhardt in Düsseldorf die Rechte, die ihm aus der mit Schreiben vom 3. März 99 an Herrn Haußner gesandten Zeichnung zustehen, auf die Fahrzeugfabrik Eisenach übertragen hat.

Die auf dieser Zeichnung dargestellte Bremsvorrichtung stimmt in allen wesentlichen Teilen mit der angemeldeten überein, denn sie ist wie diese mit in der Längsrichtung verschiebbaren Bremsbacken versehen, gegen welche sich rechtwinkelig zur Geschützachse verschiebbare, von Federn beeinflußte Druckbacken legen.

Aus den unter 2., 3. und 4. aufgeführten Schreiben ergibt sich, daß Herr Haußner als Angestellter der einsprechenden Firma mit der Konstruktion von Geschützen und Geschützzubehör beauftragt war.

Die Patentanwälte:

gez. Fehlert, Loubier, Harmsen und Büttner.

[10]

C. Kesseler,   Berlin NW 7, den 3. September 02.
Patentanwaltsbureau.   Dorotheenstr. 32.

An die Fahrzeugfabrik Eisenach,
                                                                    Eisenach.

Vom Kaiserlichen Patentamte erhalte ich beiliegende Erwiderung des Anmelders und seines Vertreters, sowie eine Lichtpause der in der Erwiderung vom 29. Mai d. J. erwähnten Zeichnung zur Gegenäußerung innerhalb eines Monats.

In den Schriftsätzen des Anmelders bzw. seines Vertreters wird behauptet, daß die angemeldete Einrichtung bereits auf einer Zeichnung dargestellt war, die Herr Haußner im Herbste 1897 dem Kaiserlichen Patentamte als Material für einen Einspruch gegen eine Anmeldung der Firma Friedr. Krupp in Essen übersandt hat.

Die vom Kaiserlichen Patentamte angefertigte Blaupause dieser mit dem Datum 14. Dezember 1897 versehenen Zeichnung stimmt in der Tat vollständig mit der Zeichnung der Anmeldung überein, mit der alleinigen Ausnahme, daß das Geschützrohr in der Zeichnung der Anmeldung etwas anders gestaltet ist. Der Anmelder behauptet ferner, er habe zur fraglichen Zeit, also im Dezember 1897, diese Konstruktion Ihrem Herrn Geh. Baurat Ehrhardt und Herrn Direktor Gustav Ehrhardt auseinandergesetzt.

Da nach der vom Kaiserlichen Patentamte angefertigten Blaupause nicht daran zu zweifeln ist, daß Haußner bereits im Jahre 1897 im Besitze der angemeldeten Erfindung war, so kann der auf widerrechtliche Entnahme gestützte Einspruch nicht aufrechterhalten werden. Wohl aber könnte die Zivilklage auf Übertragung der Anmeldung weiter verfolgt werden, da Haußner auch damals Angestellter Ihrer Firma war.

Von dem Schriftsatze habe ich Abschriften für meine Akten und die Firma M. M. Rotten angefertigt.

Meine Rechnung füge ich bei.

Hochachtungsvoll

gez. C. Kesseler
durch gez. Harmsen, Patentanwalt.

[11]

P. A. 260453.   Berlin, den 16. November 1903.

Der Einspruch gegen die Erteilung eines Patentes an Konrad Haußner in Buenos-Aires ist aus den umstehend angegebenen Gründen für gerechtfertigt nicht erachtet worden.

Die Erwiderungen des Patentsuchers auf die Einspruchsergänzungen vom 1. November 1902, 7. November 1902 und 1. Dezember 1902 werden beigefügt.

Kaiserliches Patentamt, Anmeldung III.

gez. Wilhelm.

An die Fahrzeugfabrik Eisenach in Eisenach.

(Äußere Aufschrift: An Herrn Patent-Anwalt G. Loubier in Berlin.)

Gründe:

In dem am 6. Dezember 1901 erhobenen Einspruch gegen die vorliegende Anmeldung (H. 24912 III/72c) sowie in der Einspruchsergänzung vom 4. Januar 1902 behauptet die Einsprechende, daß der wesentliche Inhalt der vorliegenden Anmeldung einer der Einsprechenden gehörenden Zeichnung entnommen ist. Falls einzelne Teile der vorliegenden Anmeldung dieser Zeichnung gegenüber noch patentfähig sein sollten, so stünde dem Anmelder doch kein Eigentumsrecht hieran zu, da er zur Zeit der Anmeldung Angestellter der Einsprechenden gewesen wäre.

Daraufhin hatte der Anmelder in seinen Eingaben vom 28. April 1902 und 29. Mai 1902 unter Beweis gestellt, daß von ihm in einem Einspruchsverfahren gegen eine andere Anmeldung im Jahre 1897 eine Zeichnung dem Kaiserlichen Patentamte eingereicht worden sei, die der vorliegenden Anmeldung entsprach, und daß sein Modell dieser Einrichtung bereits im Jahre 1893 angefertigt worden war.

Die Einsprechende gibt demgegenüber in ihrer Eingabe vom 1. November 1902 zu, daß die vom Anmelder in dem genannten Einspruchsverfahren beim Kaiserlichen Patentamt im Jahre 1897 eingereichte Zeichnung mit dem Gegenstand der vorliegenden Anmeldung identisch sei, bestreitet aber, daß diese Erfindung vor dem Jahre 1896, dem Eintritt des Anmelders in den Dienst der Einsprechenden gemacht worden sei; die Behauptung des Anmelders, daß ein Modell dieser Einrichtung bereits im Jahre 1893 angefertigt worden sei, müßte erst erwiesen werden. In der Eingabe vom 7. November 1902 nennt die Einsprechende dann weiter Zeugen dafür, daß der Anmelder während seiner Tätigkeit bei der Einsprechenden mit der Fabrikation von Geschützen und Geschützmaterial, speziell auch mit der Durchführung der Versuche mit Rohrrücklaufgeschützen beschäftigt gewesen ist; außerdem wurden als Beweis hierfür einige von dem Anmelder vor dem Jahre 1897 im Dienst der Einsprechenden angefertigte Skizzen beigefügt. Ein schriftlicher Anstellungsvertrag war zwischen dem Anmelder und der Einsprechenden, wie die Einsprechende in ihrer Eingabe vom 1. Dezember 1902 angibt, nicht geschlossen worden.

In der Eingabe vom 18. August 1903 nennt Anmelder einen Zeugen, der bekunden sollte, daß der Anmelder ihm bereits vor dem Jahre 96 ein Modell gezeigt hat, das der dem Einspruch seinerzeit vom Anmelder beigefügten Zeichnung, die auch nach Ansicht der — in der vorliegenden Anmeldung — Einsprechenden mit dem Gegenstand der vorliegenden Anmeldung identisch ist, entsprochen hätte.

Wie die der Einsprechenden mit Verfügung vom 19. Oktober 1903 in Abschrift übersandte zeugeneidliche Vernehmung nun ergeben hat, ist der Beweis für diese Behauptung des Anmelders erbracht und somit die Behauptung der Einsprechenden hinfällig, daß der wesentliche Inhalt der vorliegenden Anmeldung einer ihr gehörenden Zeichnung entnommen und daß die dieser Zeichnung gegenüber noch übrigbleibenden Teile Eigentum der Einsprechenden wären, bei der der Anmelder zur Zeit des Anmeldetages seiner vorliegenden Anmeldung angestellt gewesen war. Es erübrigt sich daher die Vernehmung der übrigen in diesem Verfahren genannten Zeugen.

Aus diesem Grunde mußte der Einspruch zurückgewiesen werden. Das beantragte Patent wird dem Anmelder in vollem Umfange erteilt werden.«

Nic. Henzel,   [12]
Civil-Ingenieur.   Wiesbaden, den 12. Juli 1903.

Sehr geehrter Herr Kollege!

Durch Herrn Prückner erhielt ich Nachricht von Ihnen und bedaure ich lebhaft, daß Sie meinen Intensionen nicht Rechnung tragen wollen. Diese persönlichen Differenzen, welche Sie von E. trennen, sollten Sie eigentlich auf das Geschäftliche nicht übertragen, wenn Sie nicht vorziehen, Ihre neue Heimat überhaupt nicht wieder mit der alten zu vertauschen.

Ihre geschäftlichen Interessen und die Garantie, daß Sie Dingen nicht wieder
ausgesetzt werden sollen, wie Sie sie leider erleben mußten, hätte ich geglaubt,
stimmen Sie anders.

Haben Sie die Güte, sich das noch einmal überlegen zu wollen und verlassen
Sie sich auf mich; ich werde alles tun, um Sie zu schützen und was in meiner Macht
liegt.

Mit freundlichem Gruß

ergebenst

gez. Henzel.

[13]

Essen, 20. September 1912.

Sehr geehrter Herr Geheimrat!

Von dem Inhalt Ihres geehrten Schreibens vom 29. 8. 12 habe ich Kenntnis
genommen und bedaure ich sehr, daß Sie meiner Bitte, bei den beiden Firmen
»Fahrzeugfabrik Eisenach und Rheinische Metallwaren- und Maschinenfabrik« eine
Gratifikation für meine damalige Erfindung des Schubkurbelverschlusses für mich
zu beantragen nicht nachzukommen vermeinen. Diese Ablehnung findet wohl nur
darin ihre Begründung, weil ich nach Ihren Ausführungen nicht der Erfinder des
Schubkurbelverschlusses bin. Wäre diese Annahme richtig, so würde ich mit dieser
Angelegenheit nicht an Sie, sehr geehrter Herr Geheimrat, herangetreten sein.
Selbst auf die Gefahr hin, daß Sie bei Ihrer Annahme verbleiben, gestatte ich mir
schon der Richtigkeit wegen, folgendes zu bemerken, indem ich gleichzeitig ver-
sichere, daß meine Bitte nicht gestellt ist, um ungerechte Ansprüche durchzuführen,
sondern die Zubilligung einer Vergütung für geleistete Arbeit zum Endziel hat.

Ganz gewiß ist Ihre Behauptung irrig, daß Herr Völler mit mir gemeinsam an
Hand der von Ihnen nach Eisenach abgegebenen Zeichnungen und Vorarbeiten das
Werk fertiggestellt hätten. Der Vorschluß ist am 19. Juli 1901 beim Patentamt an-
gemeldet. Herr Völler ist aber erst am 25. 8. 1901 von der Schule in Hildburghausen
gekommen, hat dann September und Oktober bei Herrn Haußner in dessen Wohnung
gezeichnet und ist ungefähr Ende November bei der Fahrzeugfabrik eingetreten.
Herr Völler kann somit an der Herstellung der Erfindung nicht mitgewirkt haben.
Wohl ist mir bekannt, daß Herr Korrodi seinerzeit beauftragt war, einen brauchbaren
Keilverschluß zu konstruieren; von wem der Auftrag erteilt war, ist mir nicht
bekannt. Herr Korrodi weiß genau, wie derselbe zustande gekommen ist, was er mir
gelegentlich seiner Anwesenheit bei der 100jährigen Kruppfeier bestätigt hat. Ich
erlaube mir daher schon jetzt auf dessen Zeugnis hinzuweisen. Auch Herr Haußner
kann mir bestätigen, daß seinerzeit von Ihnen der Auftrag erteilt worden ist, daß
ich mich mit der Konstruktion eines Keilverschlusses beschäftigen solle. Dazu hatte
ich zunächst ein Rohrbodenstück aus Gußeisen hergestellt und in dieses den Schubkurbelverschluß mit Kniehebelgetriebe und Verriegelung des Keiles im Bodenstück
durch den Stein eingebaut. Kurz darauf wurde dieser Verschluß der A. P. K. vorgeführt (auf S. 115 bereits erwähnt; d. Verf.) und von dieser als zweckmäßig und
brauchbar anerkannt.

Hieraus wollen Sie entnehmen, daß die Erfindung des Schubkurbelverschlusses
mein alleiniges geistiges Produkt ist und daß ich von Ihnen hierzu keinerlei Unter-
lagen, wohl aber den Auftrag zur Erfindung der Vorrichtung erhalten habe.

Ich hoffe daher, daß Sie nunmehr in der Lage sind, meiner Bitte näherzu-
treten.

Hochachtungsvoll

Stadtwald,   gez. Norbert Koch,
Girondellenstraße 26.

[14]

Essen, 20. Februar 1902.

Sehr geehrter Herr Haußner!

Ihre lieben Zeilen gelangten glücklich in meinen Besitz und erwidere Ihnen darauf folgendes:

Im Jahre 1899, den 1. März, trat ich bei Ihnen in Eisenach in Stellung und wurde zuerst mit Konstruktionen von starren Lafetten beschäftigt. Unter diesen befand sich die Lafette mit der Reibungsbremse, welche Sie mir angegeben bezw. auch den Keilwinkel noch dazu berechnet hatten. Soviel ich weiß, wurde später von Herrn Geheimrat Ehrhardt für Rohrrücklauflafetten eine derartige Reibungsbremse zur Ausführung angegeben. Diese Konstruktion hatte eine Neuerung insofern erfahren, daß auf der Keilfläche Rollen angebracht wurden, sonst aber wohl dasselbe Prinzip war. Sie haben ja auch dann ein Holzmodell zur Fabrik gebracht und dabei erwähnt, daß Sie dasselbe schon vor mehreren Jahren von einem Schreiner haben anfertigen lassen. Dieses ist, was ich Ihnen zu Ihrer Sache als Wahrheit bekunde.

Zu meiner Zeit in Eisenach wurde ich gefragt, wann die Zeichnungen nach Eisenach von Herrn Geheimen Baurat Ehrhardt aus Düsseldorf gekommen seien, worauf ich die Zeichnungen vorlegte und, wenn ich nicht irre, vom Juni ungefähr datierte. Hiernach haben Sie ja selbstverständlich zuerst die Reibungsbremse an der starren Lafette angebracht gehabt.

Ich wurde auch vom alten Herrn gefragt, ob Sie sich gar nicht geäußert hätten über eine Rohrrücklauflafette mit Reibungsbremse, worauf ich erwiderte, daß seinerzeit, wo wir zusammen ein Versuchsschießen hatten und die Reibungsbremse hierbei nicht funktionierte, Sie sich geäußert hätten, die Reibungsbremse würde die hydraulische Bremse nie verdrängen. Glaube wohl annehmen zu können, daß Sie sich dessen noch erinnern können. Wir fuhren zurück nach Eisenach und sprachen über diese Sache im Zuge.

Ich kann nicht anders als die nackte Wahrheit sagen und habe im Gespräche mehrere Male Herrn Geheimen Baurat Ehrhardt auf die starre Lafette aufmerksam gemacht, aber er hat mir nie Gehör geschenkt.

Auf den einzelnen Zeichnungen steht auch noch das Datum, wann die erste Reibungsbremse ausgeführt ist.

Die gestellten Fragen will ich nochmals kurz nach meinem besten Wissen ungefähr mitteilen:

1. Die türkische Lafette ist im Jahre 1899 im Monat April bezw. Mai, spätestens Juni in Arbeit genommen worden, also früher wie die hydraulischen Lafetten angefangen wurden.

2. In Zella sind 2 Lafetten mit dieser Reibungsbremse ungefähr in der Zeit von August 1901 bis Dezember 1901 ausgeführt. Für Punkt 2 kann ich nicht haften, da ich nie eine von diesen Lafetten gesehen habe.

Zur Zeit, wo Herr Geh. Baurat Ehrhardt angab, daß die Reibungsbremse patentiert werden sollte, sagten Sie, daß ein Zusatzpatent für die Fahrzeugfabrik genommen werden könnte, aber nicht auf die Keilbremse, da letztere lediglich Ihre Erfindung sei und Sie dieselbe selbst angemeldet hätten oder selbst anmelden würden . . .

gez. Norbert Koch.

Nachtrag zur Formel auf S. 25.

In der Denkschrift auf Seite 25 dieses Buches habe ich seinerzeit bei der Berechnung der rotierenden lebendigen Kraft des Geschoßzylinders von 130 mm Höhe vergessen, den Ausdruck mit dem Faktor $\int_{y=0}^{y=0,13} dy = 0{,}13$ zu multiplizieren. Es muß deshalb dort heißen:

Der Ring von 130 mm Höhe hat eine lebendige Kraft von

$$0{,}13 \cdot \frac{3{,}14 \cdot 7800 \cdot v^2}{4 \cdot 9{,}81 \cdot 0{,}043^2} (0{,}043^4 - 0{,}02^4) = 0{,}13 \cdot 0{,}143\, v^2 = 0{,}01859\, v^2 \text{ mkg.}$$

Ebenso wurde bei der Geschoßspitze von 95 mm Höhe vergessen, den Ausdruck mit dem Faktor 0,095 zu multiplizieren. Es muß deshalb dort heißen:

Die Spitze als massiver Zylinder von 60 mm Durchmesser behandelt, ergibt ungefähr

$$0{,}095 \cdot 0{,}030\, v^2 = 0{,}00285\, v^2 \text{ mkg.}$$

Also zusammen $0{,}01859\, v^2 + 0{,}00285\, v^2 = 0{,}02144\, v^2$ mkg.

Da nach Seite 25 die Umfangsgeschwindigkeit des Geschosses 32 m beträgt, so ergibt sich eine rotierende lebendige Kraft des Geschosses von

$$0{,}02144 \cdot 32^2 = 21{,}95 \text{ mkg.}$$

Hieraus findet sich $K = \dfrac{M\, n^2}{2} \cdot \dfrac{1}{s} = \dfrac{21{,}95}{1{,}5} = 14{,}0$ kg.

Da aber diese Kraft an einem Radius angreift, der noch kleiner als der Radius der Rohrseele ist, so kann man diese Kraft, insoweit sie für Beanspruchung der Lafette in Betracht kommt, allerdings vernachlässigen.

www.ingramcontent.com/pod-product-compliance
Lightning Source LLC
Chambersburg PA
CBHW081228190326
41458CB00016B/5712